"十二五"江苏省高等学校重点教材 ‖ 项目编号 2015-2-062

东南大学建筑设计课教程系列 ‖ 主编 鲍莉 朱雷

江苏高校品牌专业建设工程资助项目

Top-notch Academic Programs Project of Jiangsu Higher Education Institutions, TAPP

建筑设计基础

Architectural Design Basics

张 嵩 史永高等 著

东南大学出版社
SOUTHEAST UNIVERSITY PRESS

内容提要

东南大学建筑学院的建筑设计课程作为国家级"精品课程"在国内始终处于领先地位。东南大学建筑学院的建筑设计教程系列重点展示了近年来东南大学建筑设计课程的教学研究和教学成果。本书则关注建筑设计的基础课程,即一年级建筑设计课程。全书以一个普通的建筑学习者的视角,从对生活的观察开始探讨建筑学和建筑设计的基本问题,深入浅出地对空间的"型"、空间建筑、物质建筑等概念展开讨论,并最终延伸到设计和实物这一重要话题。各章均由基础理论篇、学生作业篇、工具媒介篇三个部分构成,其内容重点分别为:对建筑设计基本方法的探讨;对东南大学建筑设计基础课程的教学设置和教学成果的展示;对建筑设计的常用工具和媒介的介绍。

本书是建筑设计教与学的精品课程,适用于建筑设计的初学者、教师或设计从业者,也可以作为其他(工业设计、服装设计等)设计学科学习者的参考书。

图书在版编目(CIP)数据

建筑设计基础 / 张嵩等著. —南京:东南大学出版社,2015.12(2024.1重印)

(东南大学建筑设计课教程系列 / 鲍莉,朱雷主编)

ISBN 978-7-5641-6265-8

Ⅰ. ①建… Ⅱ. ①张… Ⅲ. ①建筑设计-高等学校-教材 Ⅳ. ①TU2

中国版本图书馆CIP数据核字(2015)第314990号

书　　名:	建筑设计基础
著　　者:	张　嵩　史永高　等
责任编辑:	孙惠玉　徐步政　　编辑邮箱:894456253@qq.com
文字编辑:	孙惠玉
出版发行:	东南大学出版社
社　　址:	南京市四牌楼2号　　邮编:210096
网　　址:	http://www.seupress.com
出版人:	江建中
印　　刷:	广东虎彩云印刷有限公司
开　　本:	889mm×1194mm　1/16　　印张:12　　字数:291千
版印次:	2015年12月第1版　2024年1月第8次印刷
书　　号:	ISBN 978-7-5641-6265-8　　定价:79.00元
经　　销:	全国各地新华书店　　发行热线:025-83790519　83791830

2007年秋张嵩来香港中文大学做访问学者，参与我们"建构工作室"的教学研究，其中的课题之一就是重新设计东南大学的一年级设计基础教学课程。2008年新的教案开始在东南大学试行，以后逐年调整和改进，现在张嵩等将教学成果整理成书，请我写个"序"，由于其中的渊源关系，故欣然答应。

东南大学的建筑设计基础教学，我曾经深度参与的有两个：一个是在1986年去瑞士之前，其中比较有意义的练习有两个，一个是立方体空间练习，第一次引入建筑空间的生成问题；另一个是先例分析，第一次引入图解分析的方法。一个是在1989年从瑞士回去之后，其在体系上更加脱离传统的渲染训练和当时流行的构成训练，融合了苏黎世联邦理工学院赫尔伯特·克莱默（Herbert Kramel）教授的基础课程练习。此后的近20年这个教案虽然也有若干调整，比如增加了实体搭建的课题，取消了抽象的立方体练习等，但是整个结构体系和指导思想并没有太大的改变。因此，借张嵩来香港中文大学交流的机会，当时建筑学院主管教学的龚恺教授希望能够设计一个新教案，为东南大学的建筑设计基础教学带来一些新的改变。而在香港中文大学这一边，我们当时正在"建构工作室"的框架下发展一套以模型作业为主要手段的设计方法，我们称其为"建构设计方法"，主要的研究兴趣有两点：一是如何通过对模型材料的操作来获取空间的概念，特别关注如何通过不同模型的作业将空间概念转化为建筑物，区分出概念模型、抽象模型、材料模型和建造模型四种不同的模型工作方法；二是对板片、杆件和体块三种空间生成要素以及相应的空间特点的研究，提出包裹空间、流通空间和调节空间三个概念。

这套教案在香港中文大学是一个数周至一学期的课程，针对二年级以上的本科生及硕士生。如何将有关研究运用到东南大学的一年级设计基础教学？显然不能照搬，需要重构。当时我们设定了六个建筑学的基本问题作为课程的主线：空间生成、人居空间、空间建造、城市空间、空间组织和空间表达。作为研究这些问题载体的设计任务，上学期可以是设计一个单层小建筑，下学期可以是多层相对复杂的建筑。本书中记述的设计教学过程基本上保持了这个思路，但是具体的内容有一些变化，这反映了张嵩他们在实际的教学过程中有针对性地调整教案，使其更加符合特定的教学环境。本书对于教案设计的描述不多，因此从我的角度来解读设计教学的线索对于读者更好地了解该教案可能有所帮助。

建筑设计基础训练的第一个练习做什么？这是一个很重要的教学法问题。20世纪90年代前，东南大学的传统是以基本的作图法作为设计入门的第一个练习，强调了作图技巧对建筑设计的重要性。20世纪90年代以后，东南大学的第一个设计作业是小制作或坐具，通过一个手工制作练习引入广义的设计概念。而在新的教案中，我们直接从空间问题进入建筑学的研究。所谓的空间问题不是一个理论问题，首先是一个知觉和操作的问题，就是你是不是能够"看"到空间，以及你能不能"做"出空间。我们人类视知觉的进化倾向于看到有形的东西，而对于有形的东西周围的虚空则往往忽视，也就是说只有经过特别训练的人才能够感知空间。同样的道理，对空间进行有效操作的困难在于一般的情况下我们不能直接操作空间，而只能通过对空间生成要素的操作来间接地生成空间。在建筑师的空间知觉和操作的训练中，二维的平面图形、三维的模型以及人眼透视，这三者缺一不可。二维平面上的点、线和面对应三维模型的杆件、板片和体块，但是平面图形和立体模型都只是设计的手段，我们对真实建筑空间的体验（在未建成的条件下）只有通过透视图来实现。

接下来的练习是"空间立方体"，这是东南大学的一个传统课题。最初是 1986 年柏庭卫（Vito Bertin）出的题，1990 年经过一次改造，再后来被取消了，现在又重新引入。抽象练习的意义在于可以就建筑设计的某个特定问题作深入的研究，而成功与否则取决于是否有明确的教学目标、内容及评价标准。我们在香港中文大学所做的空间建构练习就是一种抽象练习，没有具体的场地条件和使用功能，故而不能算是一个建筑，但是涉及建筑空间从构思到建造的基本问题，可以说是超越某个特定建筑的建筑。东南大学的这个"空间立方体"关注于空间构成的基本问题，比如如何通过操作来产生概念，如何根据概念来组织空间，如何在建筑中移动来体验空间，如何通过产生大小不同的空间，如何控制光线进入空间的方式，等等。

第三个训练是将建筑的场地、功能和建造因素结合进空间组织的研究，这需要更加复杂的设计思维。考虑到学生能力的实际情况，课题的设计需要对场地、功能和建造因素进行介入并从教学法角度进行适当的控制。比如，场地问题的介入在这个课程中被简化为一组由相同大小的矩形平面并置而成的建筑群，其中的任何一个均会因群体中位置的不同而有一个或三个面向外，其余的面与周围的建筑相临，这就控制了建筑的进入方式、朝向、视线和立面等。实际上在一块地上设置了七个不同的基地条件，有利于设计方案的多样性。建筑的具体功能是建筑师工作室，学生可以从建筑师工作室的实际考察和测量来了解空间的基本要求。不同于前一个抽象的空间研究，这个设计需要考虑气候边界、家具布置以及建筑的结构和材料等问题。

第二学期的练习有三个，实际上前两个练习是一个设计任务的两个阶段。这时候学生面对的是一个完整的设计过程以及一个比较复杂的设计项目。我觉得可以把设计过程分解成三个不同的研究。首先，学生要通过对城市地段的场地调研和分析来确定建筑的基本体量，引入"文脉主义"的方法；其次，社区中心或活动中心包含不同大小空间在水平及垂直方向的组织，学生需要学习更加复杂的空间组织技巧；最后，这个设计还要求解决建造的问题，也就是研究如何通过建筑表面材料的区分来强化空间概念，以及如何通过实际的建筑材料和建造手段来实现空间概念。上述三个层次的问题在第一学期第三个练习中有所涉及，但是这次要更加复杂，相对而言每个环节都需要有更多的时间去深化。

总而言之，整个课程的主线是空间问题，第一学期的三个练习呈现一个从抽象到具体的递进过程，三个练习相对独立，各有重点。第二学期的三个练习可以分为两个部分，前两个练习是一个设计任务的两个阶段，是将设计过程进行分解的深入研究。而最后的实体搭建任务也可以看成是设计过程研究的另一种呈现方式。本书的体例正如作者所言并没有很强调设计练习的部分，我也可以把这个意图解读为一个开放的设计教学研究，本书所呈现的只是这个研究过程的一个阶段性成果。

顾大庆

2016 年 3 月 9 日

就高校的建筑设计课程而言，学生获得的阅读书目多为教学参考书，而非教材。教学参考书并非专门为一个专业、一门课程、一个年级的学生服务；一门课程也大多不会指定唯一的教材，而是罗列一系列的教学参考书。这些参考书有些和教学内容直接相关，接近于国内所谓的教材；有些则和教学内容有一定联系，在更加广泛的领域加以拓展或者针对某一话题进行深入探讨；有些则以工具手册的形式出现，供读者查阅。

还有一部分出版物完整地记录了教学过程，将教学背景、教学思路、教学任务、学生作品一一罗列，形成一个闭合的证明过程，将作者的观点深入阐述，如顾大庆、柏庭卫等编纂的记录香港中文大学建筑设计教学的系列丛书。此类出版物更多体现为对过往教学的总结。待书籍出版时，教学过程已然或多或少地进行了调整、发生了改变。这首先是因为国外高校聘用教师多为合同制，教学也更加强调其研究性，亦即在一个教学（聘用合同）周期内，教师需以教学为平台，完成教学、研究，整理研究成果。其次，作为设计教学，学生往往在一个"黑箱"之中，教师也许并不希望学生过多了解完整的教学环节以及过往的学生作品，这会对学生的探索和创造产生约束，也难以避免学生对过往作品的模仿甚至抄袭。

本书采用一种折中的方法：既和东南大学建筑学院的建筑设计基础课程有相当紧密的结合，又不局限于此；针对教学成果的展示和总结则重点关注2008年，特别是2012年至今的这一相对较短的时间段。

东南大学建筑基础教学改革始于20世纪80年代中期。整体来说，这一教学改革是持续、渐进的，即便在教学环节中有一系列标志性事件出现（引入构成练习、取消渲染练习、弱化字体线条训练、采纳设计练习、增加建造题目、将模型作为主要研究工具、关注绿色生态问题……），我们仍难以将这历时30年的教学改革以具体时间点进行划分，更不能说这样的教学改革历程已然完结或臻于完美。

2007年，本人赴香港中文大学访学。其时，本人负责东南大学建筑设计基础课程教学已有两年。因此，受时任东南大学建筑学院教学副院长龚恺教授之托，香港中文大学顾大庆教授指导本人修订完成新的东南大学建筑设计基础课程教学体系。2008—2009学年起，东南大学建筑设计基础课程采用这一教学体系，并在顾大庆、龚恺、单踊等教授的持续关注下不断修订完善，形成了一套相对成熟、细致、具有较强可操作性的教案，并一直使用至今，以此为基础也产生了一系列优秀的学生作品。本书即是这一时间相对明确的阶段性总结。

本书又试图避免成为单纯的教学记录。从本书的篇章结构上来看，共分为六章，各章均由三部分组成，分别为基础理论篇、学生作品篇和工具媒介篇；三个组成部分之间相互联系，也并非严格对应。其中，"基础理论篇"探讨建筑设计理论和方法；"学生作品篇"记录东南大学建筑设计基础课程的教学过程、教学成果的展示；"工具媒介篇"则可指导学生进行相应的设计操作。读者可以根据需要自行选择阅读方式，如仅阅读各章的基础理论篇或重点关注各章的学生作品篇。

我们处于一个知识爆炸的时代，就建筑学科而言，即便是高等学校的建筑设计基础教学，对知识的传播已然不是其首要教学目标。和其他学科相比，建筑设计所涉及的知识体系异常丰富、宏大，无论人文历史、艺术美学或是工程技术都和建筑设计直接相关，其知识的更新速度也异常快速，尤其体现在工程技术层面：新的建筑材料、施工方法层出不穷，设计工具也不断更新，如数字生成、3D 打印早已不是新鲜事物。若想以一本教材将这些相关知识进行完整介绍，既难以实现也没有必要。故本书从内容重点上并非罗列和建筑相关的基础知识，而是重点讨论建筑设计的基本观点和方法。

本书的标题——"建筑设计基础"既是课程的名称，又是本书的核心内容。如果将建筑设计的基础加以界定，则可做以下归纳——首先，建筑设计的基础是对生活加以观察和认知的基本能力：设计源于生活且为生活服务，即便建筑设计学说分异、知识更新，这种以最朴素的态度，或被理解为未受污染的心灵，对待建筑问题的思考方法应不会改变。以东南大学为代表的中国现代建筑教育经过"布扎""苏联""苏黎世联邦理工学院"（ETH）等各种"模式"的直接或间接影响，虽基本实现了由古典向现代的转型，但仍未建立新的"体系"，更不敢妄称所谓"学派"，本书也仅能以这种朴素的"认识"（或称之为"建筑观"）立足。

其次，建筑设计的基础是一套相对完整的语言系统，将建筑设计最为基本的关键词加以组织、衔接。这一系统的建立为初学者提供了一个相对清晰、完整的研习框架，即便显得单薄，也为初学者的进一步学习提供了整体性的导引。

同时，建筑设计的基础是一套最易掌握、行之有效的设计学习和设计操作方法。基于此，建筑设计的学习者可以相对独立地完成最为基本的建筑设计训练和研究。上述对建筑设计基础的理解也恰恰是本书的关键思想。

由此可见，本书的读者可以是建筑设计的学生、教师或设计从业者，也可以作为其他（工业设计、服装设计等）设计学科学习者的参考书籍。需要重点说明的是，东南大学建筑学院下辖三个一级学科，分别为建筑学、城乡规划学和风景园林学。这三个一级学科采用共同的设计基础教学平台，本书也自然沿袭了这一认识，即三个一级学科可以共享设计基础理论、方法和练习。

我们的目标读者也绝非局限于大学一年级的新生。首先，本书重点探讨了建筑设计的基本问题和基本方法。这种讨论不仅应被建筑设计初学者关注，对具有更多建筑设计学习经历的学生、建筑设计理论的研究者意义也重大。整体而言，建筑师是一个晚熟的职业，建筑教育相比其他职业教育的周期更长：往往在学校历经五年或更长的学习，之后从事设计实践多年才趋于成熟。从某种意义上来讲，一个建筑师成熟之前都是建筑设计的基础学习阶段，也自然是本书的目标读者。

作为教材，从一般意义上来讲应该站在相对"客观"的立场之上对"百家之言"加以评述。建筑设计作为一个实践性和理论性均很强的研究领域，呈现出强烈的多元性特征，即流派众多、观点各异甚至针锋相对，这恰恰体现出建筑学科的活力。就高校而言，这种对建筑基本问题的探讨就显得更为重要，著书者往往试图阐明和传播其主张的建筑、建筑设计、建筑教育的观点和方法，以此成为所谓"学派"的边界。由此，"普适"的观点是否存在本身就是一个问题。同时，本书并非针对历史理论的探讨，笔者在这方面的能力和知识也极为欠缺。作为设计专业的教师，笔者的很多观点也是从教学中来，为教学服务，缺乏系统的历史理论探讨，难免不够严谨甚至有失偏颇，也期待获得读者的批评指正。

张嵩

2015 年 11 月于南京莫愁路

目 录
CONTENTS

1 设计学习的第一步

First Step of Design Learning

1.1　开场白

1.1.1　为什么学

欢迎各位自此开启自己的建筑设计学习生涯。

甫入大学，各样事物都是新鲜的：学习固然是大学生活的重心，但与高中生活的种种有很大不同。在高中阶段，班级内同学们的学习内容基本一样。进入大学之后呢？远离了父母的约束，缺少了教师的管教，没有了应试的压力，眼前有五年的自由时光，我们的目标也许开始变得模糊、游移而多元。可以说，大学的学习生活，不再是为了考试，而是直面我们今后的人生。

"学习"有广义和狭义之分。广义的学习为"人的学习是在社会生活实践中，以语言为中介，自觉地、积极主动地掌握社会和个体经验的过程（中国著名心理学家潘菽）"。而狭义的学习就是特指学生的学习，是在各类学校的特定环境中，按照教育目标的要求，在教师的指导下，有目的、有计划、有组织地进行的一种特殊认知活动。广义的学习会强化我们的"社会性"，而狭义的学习会增加我们的知识。在大学以前，狭义学习比重很大；而进入大学之后，则应当放宽视野，拓展为广义学习。

1.1.2　学什么

在高中阶段，大多数同学的学习内容是非常明确的，即高考的考试范围，主要是书本上的知识。而在大学的生活情境下，课堂边界是模糊的，广义和狭义的学习过程不可分割。大学学习不再囿于书本知识，不只是记住一些理论或公式，会考试、会做题。大学里的专业更像一个平台，我们会学习很多专业知识，认识很多专业领域的人，但更重要的是，通过在这一专业领域的学习培养一种思维方式、解决问题的思路和方法。

• 学习知识（Learning Knowledge）。知识更新速度很快，然而万变不离其宗：大量基础性的知识、大量基本的规律是不会改变的，建筑基本理论、设计规律在一个相对较长的时期内不会改变。基本知识学得扎实，那么再学习新知识时就有了良好的基础，就具备了一定的知识迁移能力。例如，在课堂上我们学习了如何使用混凝土和轻质砌块建造房屋，一方面我们了解了这些建筑材料的特性，另一方面在更深层次我们又领会了这些材料构件彼此连接，建造为房屋的逻辑、方法和过程。在此后的设计实践中，即便面对新材料、新工艺，其背后的逻辑和目标不变，我们依然可以凭借过往的经验娴熟地加以应对。

• 学会认知（Learning to Know）。认知是主体对外界事物进行信息加工，形成概念、知觉、判断或想象等信息的知识获取过程。认知的载体包括感觉、知觉、记忆、思维、想象、言语。大学的新生学会如何学习，即掌握认知的手段，甚至比学习知识本身更为重要。作为设计师，当我们接触到新的功能、新的需求、新的材料的时候，认知能力可以帮助我们迅速地了解各种新现象，分析各种新问题，获得解决方案。

• 学会做事 (Learning to Do)。建筑设计实际上是一种"做事情"的学问。"做事情"的过程中也许要同时解决很多问题，往往难以在不同层面、不同环节做到尽善尽美。针对不同的"事情"，我们就要进行判断，找到问题的关键点，进行取舍或实现各个方面的平衡。也就是说，我们既要努力追求完美，也要能够抓住问题的重点，还要学会取舍和妥协。

• 学会合作 (Learning to Work Together)。建筑师的设计活动很少由一个人独立完成。首先，建筑设计多为他人服务，建筑师需要了解业主的需求；其次，建筑设计涉及多个专业，往往需要各个专业的工程师共同工作；再者，一个建筑作品的实现还和很多人直接相关：政府的管理人员、施工人员、建筑材料供货商，等等。在学习过程中，同学之间的互动直接、频繁：同学们在一起学习就是一个小团队，一起听课，一起看现场，一起测绘，一起讨论方案，一起建造。在这样的学习过程中，合作是不可避免的。对此，我们应当能够主动参与讨论，认真听取他人的观点、意见，并能够发表自己的见解。学习如何正确适当地表达自己，设身处地去理解他人，与各种人充分沟通，并且注重培养自己具有为实现共同的目标与计划而团结合作的精神，这时也需要我们能够在合作中服从多数人的决定（图1.1）。

图1.1 学会合作

1.1.3 怎么学

如果说高中阶段学习的特征主要是闭合性、可预期性，因而可控性也比较强，那么大学的学习则恰好相反。其特征主要是开放性、非期然性，可控性较弱。也就是说，以往的学习经验也许不再适用（图1.2）。

进入大学之后，我们发现教学方式发生了很大变化：教师注重重点内容的指导与讲解，课后也许一周或者一个月交一次作业，甚至没有作业，更大的学习空间留给了我们自己，更多的学习时间由我们自己支配安排，我们可以根据自己的意愿来选择学什么、怎样学。因此，自我学习的能力在大学显得尤为重要。我们必须尽快找到适合自己的学习方法，培养学习上的独立性与自主性，形成自学习惯，做到能够独立地探索和发现。

图1.2 单向式学习方式

1）课内怎么学

设计学科的学习不同于其他专业。设计课更多体现为师生小群体以研讨的方式，基于多个设计练习逐步推进的教学过程。师生间的交流不是单向的，而是多向的。在设计学习过程中，教师的身份不是绝对的权威，也不仅是知识的传播者，而是设计研讨的主持人、设计研究的推动者、设计成果的评价人；学生则需要找寻自己的工作方法、建立自己的价值标准。这不同于传统的师徒工坊：师傅具有绝对的权威；教学主要通过讲解和示范；学徒则通过模仿师傅进行学习。

图 1.3　社会认知

图 1.4　学生写生

2）课外怎么学

•关注：设计师不是遗世独立的人，是属于社会的——设计的根本目的是为人所用。要成为一位好的设计师，首先应成为一个了解社会、热爱生活的人。大学之前的生活是单纯的，与社会的接触十分狭窄，人际关系相对来说也比较简单，对社会的认识单一。进入大学之后，我们要从日常做起，从家人开始，从身边的同学开始，从各种集体活动和社团活动开始，积极地融入家庭生活、融入社会生活，多交朋友，了解每个人的想法，了解他们的喜怒哀乐，了解他们的需求和不满。我们不仅要关心社会，关心他人，更要认识到这个社会是多元的、人的想法是形形色色的，我们要建立一种包容的姿态来面对这个丰富的世界（图 1.3）。

•阅读：一个人的精神发育史就是他的阅读史。一个人的精神发育程度，也决定了他设计水准的高度。阅读对于了解专业知识、开阔视野，乃至完善自我，都是非常重要的手段。现在阅读的方式非常多样，我们要充分利用各种资源，尽可能广泛地去阅读。不仅仅读专业书籍，还要去读一读社会、心理、美学、地理、文学等多种领域的书籍。首先是读书，网络和虚拟的信息还是不能替代书籍的重要性。其次要读经典，读好书。选对书，是能够登高望远的第一步，这在出版传播极其发达的网络时代，殊为不易。

•旅行：广博的知识是设计师的重要素质。读万卷书，行万里路。我们的专业学习，不是在实验室里闭门造车，我们要走出去。世界那么大，我们可以利用假期，利用课余时间，多走一走、看一看。看什么呢？不仅仅是看建筑，还要看自然风景，感受自然之趣；看风土人情，感受人文之乐。大兴安岭厚厚雪层上的朝晖，舟山海边暮归的渔歌，丽江四方城篝火边飘动的裙裾，成都宽窄巷子里羊肉粉的氤氲。这种对生活的感悟、对美的体验都不是单从书本、课堂中闭门造车式的学习中所能得到的。

•记录：对生活的感悟有很多记录的方式，可以用文字，可以用胶片，可以用音乐，咱们设计师更多地用画笔——铅笔、钢笔和颜料，在纸上记录下所观察到的各种动人的建筑、场景、人物和事件。无论以何种方式把场景记录下来，都是对记录对象的再次抽象、提炼。反过来，也促进了我们的观察、体验和理解。很多优秀的设计师都把绘画或者摄影作为非常重要的工作方式，有的人甚至会兼具多重身份（图 1.4）。

•争论：设计是主观而又带有思辨性的过程。争论往往是设计师非常有效的学习方式和工作方式，是设计师表达想法、交流思想的重要手段。不要回避争论，要学会在争论中使自己的想法更清晰、更凝练、更准确。

1.1.4　为明天做准备

过去是未来的起点。我们要珍视过去的点滴建筑体验，珍视自己对自我生活的感悟和他人生活的观察。未来也永远不断向前。我们身处一个信息爆炸的时代，知识更新的周期已经急速地缩短。到我们毕业的时候，之前所教授给大家的知识，也许已不再新奇，而我们获取到的学习方法和学习习惯将裨益终生。从这个角度来讲，"学会学习"（Learn How to Learn）是多么重要。未来的文盲不再是目不识丁的人，而是那些没有学会怎样学习的人。这些"隐形"的能力，以及在这些能力的培养中所形成的自我素质将陪伴我们一生，也是我们日后走向成功的真正助推力。

所谓"学会学习"，就是学会自主学习、实现高效学习、掌握学习方法、做到学以致用。有研究表明，在人的一生中，大学阶段只能获得需用知识的 10% 左右，而其余 90% 的知识都要在日后的工作中不断学习才能取得。如果我们在大学期间仅仅记住某些理论，积累一些知识而未能掌握自我学习的习惯和方法，一旦走上社会，面对新知识的迅速增长则一定会不知所措。所以，大家在学习过程中一方面要致力于掌握知识，另一方面应当更努力地寻求获得知识的方法。从大学阶段开始建构终身学习的生活方式是工学交替、不断循环往复的多向模式。

1.2　建筑师的眼睛：观察、发现、理解

1.2.1　观察的眼睛

观察是比观看更用心的行为。同样一个场景，同样一个物件，有的人看到这个，有的人看到那个，有的人看到的少，有的人则看到的多。有的人仅仅是看，有的人则是在观察。福楼拜曾让前来拜师的莫泊桑记录家门口来往的马车，一开始莫泊桑觉得非常单调，一无所获。后来在教师的指导下仔细观察，才发现富丽堂皇的马车、装饰简陋的马车，烈日炎炎下的马车、狂风暴雨中的马车，上坡的马车、下坡的马车，有着千差万别。光仔细观察还不够，还要能发现别人没有发现的信息。如我们在观看一堆篝火，就要努力去发现它和其他篝火所不同的地方。

观察的视角会影响观察的结果。当我们尝试着去观察一座城市，观察某一个街区，观察某一座建筑，或者观察某一扇窗户，我们观察的重点及获取到的相应信息显然不同。当尺度越大、距离越远，我们观察到的对象就越整体；当尺度变小、距离靠近，我们观察到的信息就越细微而具体。观察也是一件主观的事情。不同的人去观察，看到的、想到的、感受到的也会大不相同。每个人在观察过程中，都会带入自己的文化背景、知识储备、思维方式，甚至当时的情绪，这是一件很有趣的事情。

1.2.2　发现的眼睛

发现是一种挖掘。从日常生活和日常事物中体会出规律或法则，用相同的眼睛看见别人所看不见的东西。这个世界不缺乏美的事物，缺少的只

是发现的眼睛。我们要学会用自己的眼睛去发现世界上、生活中所潜藏的各种规律、内涵。发现的能力是可以训练的。我们可以通过日常的训练来提高自己发现规律、内涵的能力，文字记录、写生、摄影等也都是很好的训练方法。

1.2.3　理解的眼睛

从发现到理解，我们的思维就更进了一步。理解就是从物质的表象去探求深层次的逻辑、秩序，从人的行为去探求他们的心理和需求，并以此来指导我们的设计。当我们学习了一些建筑知识之后，我们也许能够理解每个建筑构件的作用，理解它的每根曲线、每个线脚所代表的意味，理解每种建筑风格的独特美感。设计师应当不断深入地体验生活，广泛地阅读，反复地思考，从而持续地提高自己的理解力。

1.3　建筑师的语言：空间、物质、形式

我们在选择专业的时候，有没有思考过建筑到底是什么？是一座房子？是人类修建的物品？建筑是一种工程。工程是一门大学科，除了建筑以外，还包括土木工程、市政工程、道路桥梁等其他工程类学科。建筑也是一门艺术。艺术也是一门大学科，除了建筑以外，还包括雕塑、绘画、音乐、工艺美术、环境艺术等。作为兼备工程与艺术特征的建筑，它跟其他工程门类或者艺术门类又有着很大的不同。那么，究竟什么是建筑呢？

1.3.1　什么是建筑

简言之，建筑就是人类盖的房子。建筑是为了解决人类生活上"住"的问题，提供安全食宿的地方、生产工作的地方、娱乐休息的地方。可以这么理解，建筑便是一个用物质材料造出的容器，能够容纳人的身体，能够容纳人的生活，这个容器被搁置在大地上。

建筑是以空间为核心目的的建造结果。建筑需要包容人的身体及生活，为人遮风避雨，使人们远离恶劣天气和毒虫猛兽。实现上述目的便是由建筑的墙体、屋顶、门窗等构件共同限定出的空间。以空间为核心目的，正是建筑与绘画、雕塑等其他艺术之间的重要区别。

首先，建筑是人类生活的物化，是人类为自己创造的物质生活环境，即人类生活所必需的居住和活动的场所，也是为满足人们生活、生产或从事其他活动而创造的空间环境（图1.5）。所以，实用性是建筑的首要功能。住宅要满足人的睡眠、读书、娱乐等生活功能需求，图书馆要满足人的查找、

图1.5　生活的物化

阅读、外借、归还等功能以及书籍的编号整理、入库上架、修补、保存等功能，高铁站要满足进站人流查票、安检、候车、上车以及出站人流验票出站、疏散等功能。可以说，人们对建筑的真实体验就是正在影响我们意识观念的那些因素。其中，最重要的是，它影响了我们的生活方式。

其次，建筑是人类科学、技术的物化。建造建筑的材料可能是黄土、石块、木头、钢材、玻璃，甚至是芦苇、塑料、冰块等。这些材料有些是天然生成的，有些是人工合成的，人们则根据这些材料的特性加以综合运用。某些建筑材料以特定的方式构成了建筑的结构系统，另一些建筑材料则参与了空间的围合或限定。建筑作为空间的建构完成物，体现出人类科学的发展和技术的进步。纵观人类的建筑发展历程，每一次技术变革，都会引发建筑的跨越式发展。建筑材料的开发利用，力学理论的深化研究，结构体系的发展创新，水、电技术的成熟完善，都在不断推动建筑的发展。

最后，建筑也是人类文化的物化。建筑是人类文化的有形展现，文化给予建筑以无限的生机与活力。建筑的文化内涵可以体现为对城市文脉、风貌特色、时代特征和风土人情的映射，能够体现为一种思想观念、一种生活态度、一种审美情趣。

1.3.2 建筑语言

1）空间

空间是建筑建造的目的所在。建造建筑，其目的并不在于建筑的外形，而是为了获得建筑中"空"的那个部分，容纳特定功能。求其虚，而不求其实，这是建筑与雕塑的根本性区别。建造礼堂，是为了获得一个可以容纳多人聚会的场所；建造教学楼，是为了教师有办公的地方、同学有上课的地方；建造图书馆，是为了存放图书、提供阅读空间。这是空间的使用功能，主要体现在空间的几何特征和物理性能上，如空间的面积、大小、形状，还要考虑到采光、照明、通风、隔声、隔热等因素。另外，消防安全上的要求也必不可少。此外，空间还具有精神功能，这是建立在使用功能基础之上，以人们的文化、心理需求为出发点，从审美情趣、风土习俗、民族传统等方面入手，创造出适宜的建筑室内环境，使人们获得精神上的满足和美的享受（图1.6）。

2）物质

物质即建筑材料，首先是实现建筑的手段。在建造各种类型房屋的实践中，人类认识了各种建筑材料（木材、石头、泥沙等）的性能，知道怎样去将这些建筑材料彼此连接，使其成为整体的建筑构件，如墙体或屋顶。在人类文明的早期，建筑建造用到的材料多为此类天然材料，这些材料的加工也多限于尺寸、形状上的处理。同时，人们发现某些天然材料经过一定的加工，可以生成性能更优、更利于建造使用的建筑材料。例如，将黏土烧制便可获得砖，将火山岩土研磨便可获得石灰。随着人类文明的发展，人工材料逐步替代天然材料成为主要的建筑材料，玻璃、五金、水泥、钢

图1.6 空间的精神功能

图1.7 多样的建筑形式

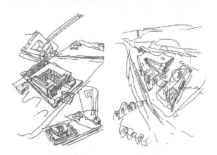

图1.8 手绘草图

图1.9 材料操作

筋和人造木等人工材料不断出现且被广泛应用。

离开物质，建筑就无从谈起，这是建筑与音乐等非实体艺术的重要区别。物质不仅仅是实现建筑的手段，建筑材料的色彩、肌理、透明度等特征又赋予建筑空间不同的特征，甚至某些建筑材料本身就蕴含了一定的情感意义，如原色的木板多意味着温暖、亲切，光洁的金属则恰恰相反。

3）形式

形式虽然未必是建筑的初始目的，但形式始终是建筑无法回避的诉求。从石器时代的遗存中我们就可以看到，原始人对衣服、器皿、武器等实用器物除实用要求之外，总要有某种加工以满足形式要求。房屋同样如此。不同的民族，在不同的地方和时代，都在建筑艺术上继续不断地各自努力，从未停止。在欧洲，建筑从古到今都被看成是最重要的艺术门类之一，而中国的古典园林和建筑同样体现出极高的艺术价值。建筑的形式既体现在其外观，也体现在其内部空间；既可以归纳为不同的风格，反映出建筑的时代、地域特征，也可以具体为特定建筑材料的建造表达（图1.7）。由此可见，建筑的形式也将空间、物质两个要素有机地加以整合，即总体而言，建筑的空间、物质和形式三个要素相互影响并交互促进。

1.3.3 建筑语言的获取：操作、感知、探索

即便建筑师的理论思考非常重要，对于建筑学而言，其实践性是更为重要的，即建筑设计是建筑师的工作核心。建筑师的设计实践包括计划、设计、控制、组织等多种过程。单就设计环节而言，建筑师的主要设计实践就是通过设计操作来获取设计构思，基于空间感知对设计构思加以不断地调整、完善，多方向探索，最终获得设计结果。亦即，操作、感知、探索是一个连续的、因反馈而不断反复的过程。这既是建筑师的工作方式也是建筑设计学习者的设计训练方式。

操作，即使用已有资源，对事物进行加工改造，使之产生目标结果的过程。设计的操作不仅仅包含动手做模型、加工材料等所谓的手工操作。设计操作包括了设计从分析到图纸、模型、建造、材料研究等一系列的研究工作，它是一个从不确定性中寻求答案的过程。建筑设计的学习者要在操作中成长，在入门时更要在操作中学习，并对手、脑、心的协调进行持续的训练。

设计操作是指设计师动手完成的一系列设计研究行为。画草图是操作，做分析是操作，探索材料特性是操作，制作模型也是操作。在设计过程中，针对不同的设计阶段、研究问题，应主动地采用不同的设计操作方法。图纸有利于功能布局、流线分析的研究，而三维的模型则更有利于直观地进行空间的研究，比如观察感知建造的逻辑、空间的逻辑。

手绘草图包含大量相对含混的线条、色块，其间蕴藏了各种预料之外的可能性。当我们在草图纸上反复涂画的时候，也许其中的某个线条或色块会突然抓住我们的注意力，新的灵感也就产生了（图1.8）。

我们拿着卡纸、瓦楞纸、塑料片、花泥、木片等各种模型材料时，可以试着漫无目的地弯折、剪切、挖孔，感知材料的特性和由此产生的操作方式及空间潜力（图 1.9）。

模型制作的意义不仅在于尽快培养三维空间意识，还在于它通过视觉和触觉对于操作动作的直接反馈，在于过程的随机性和结果的未知性：在把玩一块泥巴或者折叠一张卡纸时，也许一开始是无意识的，偶发的结果却很有可能给我们以启发。我们在创造它的时候，它也在引导我们。我们会慢慢将无意识的操作加以控制，寻找操作和结果之间的关联，探究背后的逻辑，从而获取这一由操作产生秩序性结果的规律。在目的性并不明确的反复尝试之后，我们才能逐步了解各种操作对象的特性，并找到适宜的操作方式。继而我们可以基于感知不断地对操作过程和方法加以调整，寻找新的可能，对操作加以精确控制，设计便由此不断完善（图 1.10）。

可见，由操作获取的设计灵感是我们的设想无法企及的，其作为起点的偶然性会带来终点（设计成果）的多样性。设计在一定程度上恰恰是这种"无中生有"的创造性行为，是一个在偶然中寻找秩序的过程，是一个基于不断探索和研究的发现过程。设计探索的过程有趣味也有艰辛，设计学习的过程有欢乐也有汗水。

加油吧，明天的建筑师！

图 1.10　模型观察

图片来源

图 1.1 源自：东南大学学生作业（陈文安）.
图 1.2 源自：陈旭海；湖北民族学院科技学院 . http://hbmykjxy.benke.chaoxing.com.
图 1.3 源自：《汕头特区晚报》.
图 1.4 源自：青山居发表于 2010 年 4 月 23 日，图片共享网站：PhotoFans.
图 1.5 源自：林·凡·杜因，S. 翁贝托·巴尔别里 . 从贝尔拉赫到库哈斯 [M]. 吕品晶，等译 .
　北京：中国建筑工业出版社，2009：42.
图 1.6、图 1.7 源自：谭瑛摄 .
图 1.8 源自：王澍绘 .
图 1.9、图 1.10 源自：东南大学学生作业（刘子彧）.

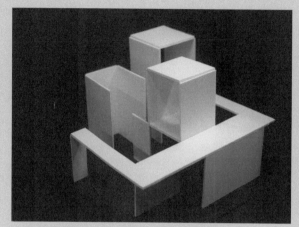
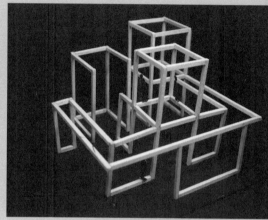

空间构成依据的绘画作品
（长宽比例已变形）

空间生成

空间的感知和表达是建筑设计学习的第一步，通过这个练习，我们可以领会空间研究的基本方法，学习建筑空间的画法系统。

我们可以通过对模型材料的操作生成空间。练习中我们将用到板片、杆件和体块这三种类型的模型材料，它们所形成的空间也各自具有鲜明的特征。

操作与观察是空间研究的基本方法。模型制作是学习建筑设计的重要途径，我们经常以模型为媒介来研究建筑，在模型中我们往往需要通过添加"尺度人"来帮助我们感知真实尺度的空间。

记录是促进观察的有效手段。记录空间的有效方法就是速写和拍照。当我们试图描述对象时，就会用到"画法系统"——如平面图、立面图和剖面图。用透视来描述空间更接近真实的空间感受，我们可以通过对模型进行人眼高度的观察和摄影来体验空间。

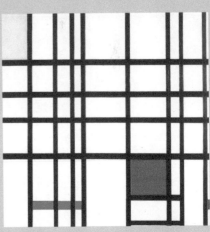

板片模型

工作任务：

在给定画作中选择部分线条和色块，以板片为构成要素，制作模型；通过铅笔速写和拍照来记录生成的空间；绘制模型平面图、立面图、剖面图。

工作方法：

在 A3 大小的卡纸上分别打上 2cm、4cm 和 6cm 的网格，在网格中尽可能抽象、简练地描绘"人"的轮廓，包括站、行、坐等姿态。在上述三种网格中"人"的比例分为 1∶100、1∶50 和 1∶30。"人"的尺寸需准确计算。

选取部分画面，依据绘画中的线条进行裁切、弯折或粘贴，得到模型草稿。画作可根据需要放大或缩小复印，选择所需部分，将线条刻在灰色卡纸上，用灰卡纸制作完成最终模型。所有构件均需在正交体系内。

将模型放置于灯光下，挪动模型，观察不同灯光射入角度下模型内部空间的光影效果。在空间中分两次添加大小不同的"尺度人"，体验随之产生的空间尺度变化。

选取角度，绘制模型空间的铅笔速写，速写中需表达"尺度人"。

用红笔在模型上标出平面和剖面的剖切位置，再据此绘制平面、剖面以及立面，用铅笔在绘图纸上作图。

成果要求：

铅笔速写两三张，画幅为 A5 大小；

模型照片若干；

A4 底板大小板片模型一个，最终的模型尺寸长边不超过 25cm，短边不超过 20cm，高度不超过 15cm。

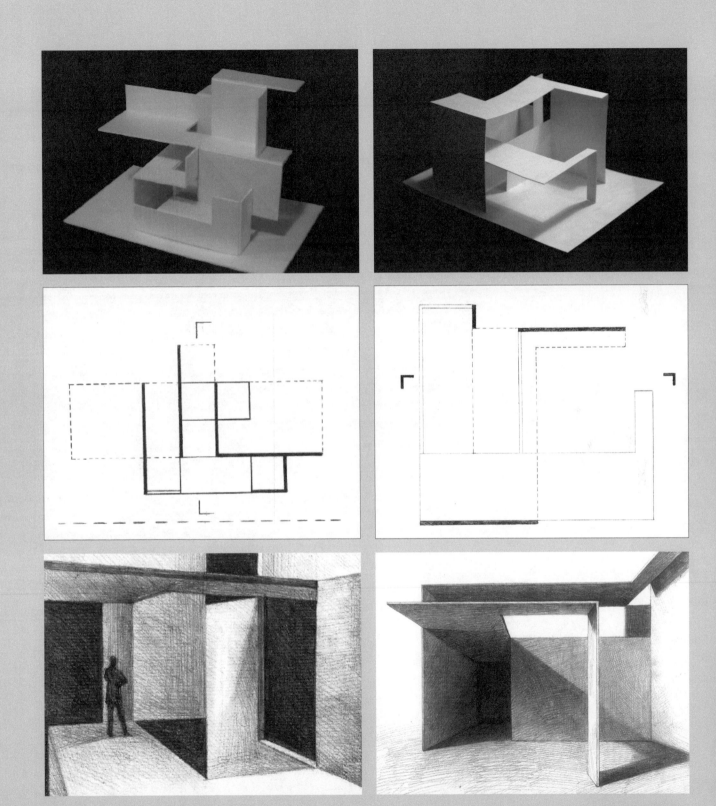

杆件模型

工作任务：

用木条或铅丝解读给定的抽象画作，制作以杆件为构成要素的空间模型。通过铅笔速写和拍照来记录模型空间。绘制模型平面图、立面图、剖面图。

工作方法：

用木条或铅丝代替绘画作品中的线段，添加支撑杆件将其固定在某高度，迅速制作完成模型草稿，比较得到的多个模型。所有构件均需在正交体系内，彼此平行或垂直。

将给定的绘画作品根据需要放大或缩小复印，选择所需部分，用木条制作完成最终模型。

将模型放置于灯光下，挪动模型，观察不同灯光射入角度下模型内部空间的不同光影效果；在空间中分两次添加大小不同的"尺度人"，体验随之产生的空间尺度变化；选取角度，绘制铅笔速写。

用红笔在模型上标出绘制平面和剖面所需的剖切位置，再据此绘制平面、剖面以及立面，用铅笔在绘图纸上作图。

成果要求：

铅笔速写两三张，画幅为 A5 大小；

模型照片若干；

A4 底板大小板片模型一个，最终的模型尺寸长边不超过 25cm，短边不超过 20cm，高度不超过 15cm。

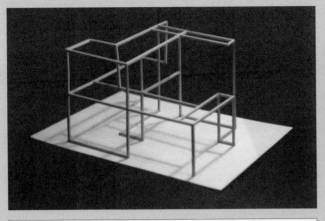

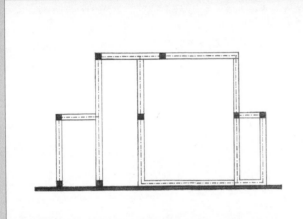
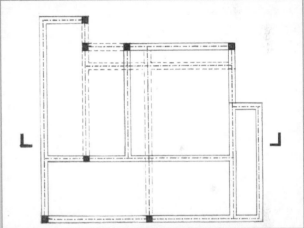

学生作业（刘子彧等）

盒子模型

工作任务：

根据已有板片模型制作实体模型，再以实体模型为"核"，通过制作外壳形成"盒子"空间模型。这样，我们就有了虚实相对应的两个模型：实体模型和盒子模型。从"尺度人"的高度来观察空间，通过铅笔速写来记录观察的结果。

工作方法：

将已有板片模型所解读出的空间容积用泡沫塑料块填充，从而转换成实体模型。再以实体模型为"核"，依据其体量制作盒子模型。"盒子"内部的空间是难以观察到的，如果把盒子的一边做成可以开合的，我们就可以从开启的一面向里观察，如果在盒子的另一面上开洞口，就可以让光线进入空间。将视点靠近盒子的洞口进行观察，在空间中分两次添加大小不同的"尺度人"，体验随之产生的空间尺度变化。

用红笔在模型上标出绘制平面和剖面所需的剖切位置，再据此绘制平面、剖面以及立面，用铅笔在绘图纸上作图。

成果要求：

铅笔速写两三张，画幅为 A5 大小；

模型照片若干；

A4 底板大小盒子模型一个。

学生作业（刘子彧）

制图表达

工作任务：

用尺规绘制出板片、杆件与盒子这三个模型的平面、立面和剖面，并和已有的速写、模型照片一起构成 A3 版面；就三个模型的空间差异进行讨论；完成工作手册中的其他图纸要求，并排版完成工作手册。

成果要求：

每个阶段成果为 A3 图纸一张，水平构图；

排布平面、立面、剖面各一张，比例为 1∶2；

内部空间速写两三张；

内部空间照片和轴测角度照片若干。

板片模型成果

空间生成

姓　　名　高晏如　学　号
指导教师　张　愚 01114304

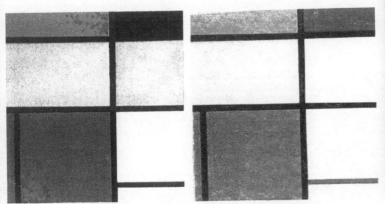

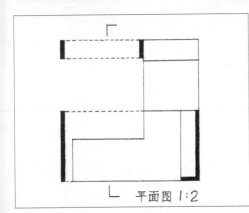

平面图 1:2

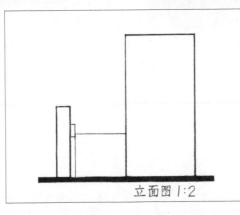

立面图 1:2

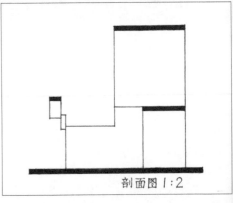

剖面图 1:2

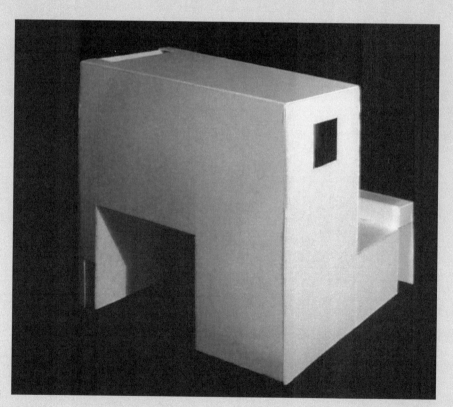

盒子模型成果

空间生成

姓　名　高晏如　学　号
指导教师张　愚 01114304

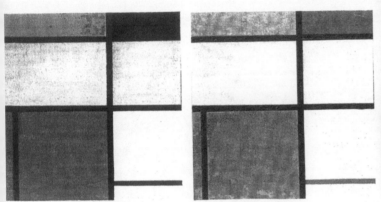

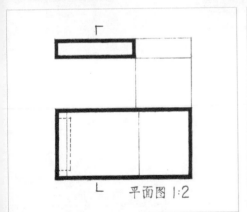

平面图 1:2

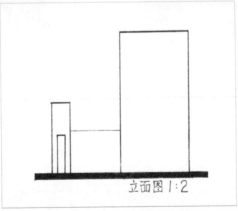

立面图 1:2

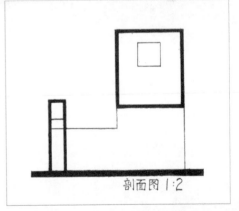

剖面图 1:2

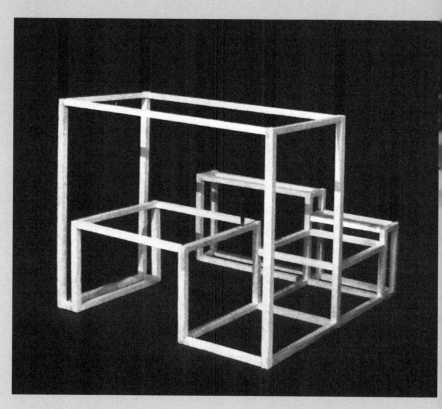

杆件模型成果

空间生成

姓　　名 高晏如 学　号
指导教师 张　愚 01114304

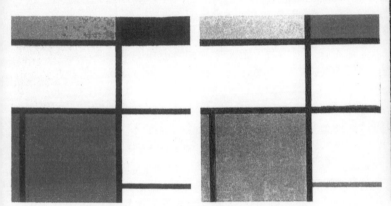

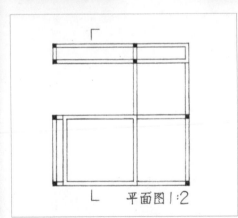

平面图1:2

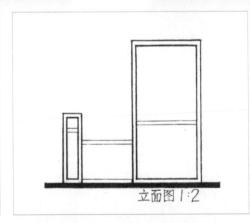

立面图1:2

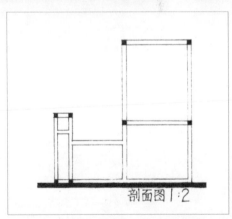

剖面图1:2

由操作开始设计

图纸、模型或是其他

无论是设计一座建筑、一处公园，还是对城乡环境进行规划，都是将无形的想法变成有形的物质空间的过程。在这一过程中，设计师综合运用一些设计工具和媒介（图 1-a）：用语言、文字描述观点，与合作者交流想法；用纸笔绘制草图，记录灵感，推敲深化，制作模型，呈现三维的建筑实体及空间；绘制尺寸精确的施工图，指导施工建设；用电脑绘制逼真的建筑表现图，甚至用动画影片模拟人的空间体验。综合运用这些工具和媒介能够推动设计的发展、完善乃至实现。

每一种媒介或工具都有其优点和局限，多样的设计工具各有特点：语言和文字与人们的日常思维和交流贴近，但难以准确描述具体形象。假定设计作品基于视觉加以呈现，则图和模型理应成为更直接的设计媒介，二者均能反映空间及建筑实体的三维特征：图的表达方式可抽象、可具体，具有很大的开放性，而模型则更贴合建筑的物质属性。

同时，选择不同的设计工具和媒介也就在一定程度上决定了设计者所采用的设计方法，进而对设计结果造成直接影响（图 1-b、图 1-c）。对于初学者来说，掌握这些工具和媒介、体验它们间的差异十分重要。在设计的开始，让我们尝试最接近真实空间建造的设计方法：使用模型材料制作建筑模型。

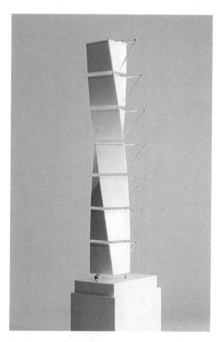

图 1-a 旋转大厦（Turning Torso）[位于瑞典的马尔默，圣地亚哥·卡拉特拉瓦（Santiago Calatrava）事务所设计]

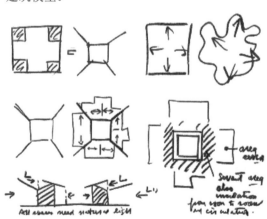

图 1-b 高登伯格宅（Goldenberg House）

图 1-c 悬链线模型（安东尼·高迪设计）

设计操作的起点

　　设计都要经历从无到有的过程，作为起点，模型制作可以帮助我们迅速展开空间探索，并直接触及实体和空间（虽然大多是小比例的）。模型本质上是对设计对象的一种模拟，相较二维的图绘，模型更加直观：首先，模型是三维的，直接呈现立体的结果；其次，在制作过程中，对于模型材料的每一个动作均能够立即呈现出相应的空间变化（图 1-d）。

　　设计多呈现为由无意识、目的不明地探索到有意识地推动、完善的过程，在起始点极少能预想到最终结果。由此，制作模型会成为一个富有启发性的过程（图 1-e），类似于孩童的积木游戏：一开始只是去摆弄模型材料（将积木随意进行拼搭），得到初步结果后加以观察（有点像滑梯），再根据初步模型显现的形式逻辑发展出设计目标（要搭建一个很高的螺旋滑梯），推动设计的进一步发展（将滑梯设在树荫下），最终发展出具体的设计结果。

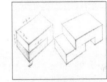
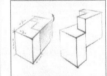

图 1-e　设计进展表达

图 1-d　巴耶阿塞隆礼拜堂（Chapel in Valleacerón）设计发展过程（S. M. A. O. 设计）

2 空间的"型"

The "Type-Form" of Space

引子："型"的意识

图2.1 柯布椅

观察我们身边，如一片树叶，所有东西都有自己的形状。我们通过形状可以识别各种物品。但很多时候，形状与物品并非一一对应。例如，桌子可以是圆形，也可以是方形，也就是说单凭形状并不足以让我们判断它是桌子。我们不仅可以通过形状来识别事物，也可以更多地通过事物各部分形状之间的特定关系来识别它们（图2.1）。

这就是对"型"的一种解释：多个部件彼此组合，产生特定的功用，成为"物"的原型。比如桌面和桌腿一起构成了一种桌子的原型，并能与椅子产生区分。建筑也是一种人造物，根据文化、技术、功能的差异可以有各种分类方式。仅以外观来看，形状的不同就有多种含义。将平屋顶和坡屋顶加以对比，不仅意味着对自然气候的适应，还可能意味着对社会文化的呼应。这些形状的组合被传承下来，成为某种特定的"建筑类型"。更重要的是，建筑的核心往往不在于外观，而在于由构件围合限定出的部分——空间。

图2.2 印度经济管理学院的砖拱券（路易斯·康设计）

空间是否具有"型"？它又是如何产生的？感知空间本身是一种非常复杂的体验，若要对它进行深入、专业的理解，研究其基本形态是一条重要的途径。

直观地来看，空间的基本形态是由构件围合限定而成，这些构件即为空间限定要素。我们通过空间限定要素来形成空间。例如，用砖砌成拱券，用混凝土浇筑不规则空间，采用悬挑梁板形成一侧打开的空间，等等（图2.2至图2.4）。这种构件操作与空间形态之间的关系与许多因素有关，如构件的材料性质、构件组合的结构形式与建造方式，等等。由此产生另一些界定"类型"的关键词——结构或构造。

图2.3 麻省理工学院（MIT）西蒙兹公寓室内混凝土异形空间（斯蒂文·霍尔设计）

在这些例子之中，空间特征与限定要素之间的关系非常直接，但在更多情况下，二者之间的相互作用并没有那么直接地在视觉上表现出来，但又显然存在，这正是空间的魅力。同时空间的形态不那么容易被识别和描述，因而更难进行设计。认识其中确定的与不确定的部分，并对这两者之间的关系进行研究是建立空间概念的重要起点。

对于我们来说，通过"型"的意识来研究空间非常关键。如何通过"型"来建立空间研究的起点？首先我们需要对空间的限定要素做出一定的简化，排除一些影响因素，使空间的呈现能更有规律可循。更重要的正是这种对要素的特定简化，同时能产生方法上的清晰和体验上的丰富，这才是"型"的意识在空间设计中的充分表现。

图2.4 龙美术馆的悬挑结构空间形（大舍设计）

2.1 以几何体认知空间

空间是否具有形状？为何显得封闭或开放？如何形成节奏与序列？当我们结合生活经验思考这些问题时，会有非常多样的解答。差别有时非常明显：在树林中穿梭，在峡谷穿行，与在岩洞中静坐是非常不同的空间体验。树林细密的树干常常导致方向迷失，峡谷的峭壁却是强烈的方向引导，而洞穴的包裹感极大地降低了空间的开放性，成为人类祖先的庇护所及建筑的起源之一。

试比较三种功能空间：住宅的房间，尤其是卧室，常常呈现为一个个盒子，即便可能形状各异，也都包裹着我们，给予我们安全感；展厅空间则可能由一片片展墙限定，引导人们边走边观赏（图 2.5）；停车场保留了最少的空间限定，多仅以柱阵支撑，以获得最大的视觉和空间的通畅。

在将关于材料的感知暂时排除之后可以发现，空间限定要素的几何特征在这里发挥着重要的作用。树木和柱子都可理解为细长的杆件，峭壁与展板都呈现为面状的板片，而岩洞及卧室则可归纳为空心的体块（盒子）。

因此，如果以几何特性来区分空间限定要素，则可以将杆件、板片和体块看作三种基本类型，从而对应现实中不同特征的空间。这三种要素对空间形态具有不同的影响方式，由此产生各自的空间特征，在方向性、流动性与开放性上的差别都是很明显的。

这些空间特征可以说具有某种原型性，对它们的认识和概括非常重要，在这一点上，许多学者做出了重要贡献[①]。

图 2.5 耶鲁大学英国艺术馆室内板墙空间（路易斯·康设计）

2.1.1 杆件划分 / 调节空间

在二维空间里，线划分了面，或是通过封闭或断续的边界来暗示出不同的面，如同蒙德里安（Piet Cornelies Mondrian）的画。同样在三维空间里，线性构件根据不同的数量及组合方式，通过在不同方向上延伸我们的感知来暗示出不同的空间区域[②]。芦原义信定义这样的空间为消极空间，本意是说，这样的空间实体感最弱，也最开放。

一棵树，在自然环境中产生出一种向心力，从而暗示出一个中心强烈、边界消散的空间。这在阿尔多·范·艾克（Aldo van Eyck）的阿姆斯特丹孤儿院内同样可见，一根圆柱与地上的一个圆形刻槽暗示出一个特殊的空间，成为不同区域之间的空间过渡（图 2.6）。

如果这根柱子具有不同的截面形状，它将稍稍暗示出周边空间的不同，如密斯（Ludwig Mies van der Rohe）在巴塞罗那德国馆中所使用的十字柱。

如果这根柱子在平面上整齐排开，犹如柱阵，典型者如科尔多瓦大清真寺，可以形成均匀的密林般的空间（图 2.7）。如果柱阵的柱子各有方向、各有疏密，空间的均质也将被打破，可见于石上纯也设计的神奈川工科大学（KAIT）工房（图 2.8）。

图 2.6 孤儿院（阿尔多·范·艾克设计）

如果把梁加入进来，与柱交叉，空间将在各个方向上延伸。例如，埃森曼设计的住宅系列，探讨了如何调整这种框架的比例、尺度，可以使其形成自己的语言，并影响空间。调整密度，可以形成云雾般的暧昧空间，如同藤本壮介设计的蛇形画廊一样（图 2.9）。

如果柱子垂直穿过不同的空间，它还可以成为一种空间中的连接媒介，如萨伏伊别墅中的柱子与坡道、楼梯的关系（图 2.10）。

2.1.2　板片围合 / 引导空间

由于板片具有明显的表面属性，可以为空间建立明确的实体边界，从而实现了空间的围合。但面的大小、相互距离与位置，都会影响空间的方向感与围合程度。

在荷兰风格派艺术家凡·杜斯堡（Theo van Doesburg）提出的空间构成中，空间是由许多相互垂直而又分离的面限定出来的，并向三个象限自由发展。虽然空间同样相互连通，无边无际，但显然与线性框架形成的空间特征极为不同（图 2.11）。

柯布西耶（Le Corbusie）的多米诺（Domino）体系（图 2.12）则用上下两个面强调出水平方向的自由。密斯设计的巴塞罗那德国馆（图 2.13）在上下两片水平板之间采用了风格派的平面构图关系来安置墙板，空间在

图 2.7　科尔多瓦大清真寺柱厅

图 2.8　神奈川工科大学（KAIT）工房室内（石上纯也设计）

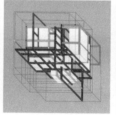

图 2.9　住宅图解（埃森曼设计）

图 2.10　萨伏伊别墅（柯布西耶设计）

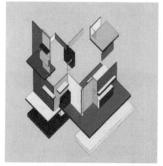

图 2.11　空间构成图解（凡·杜斯堡设计）

图 2.12　多米诺体系图解（柯布西耶设计）

图 2.13　巴塞罗那德国馆（密斯设计）

图 2.14　特尔加诺住宅（巴耶萨设计）

水平透视上通过层叠关系而显得深远。

如果板片在剖面方向垂直交叉，则需要留出特殊的开口才能呈现这种交叉，如巴耶萨（Alberto Campo Baeza）设计的特尔加诺住宅（Turégano House），板片需要切割，才能使空间在三维方向穿插起来的效果可以被感知（图 2.14）。

2.1.3　体块（盒子）占据/包裹空间

盒子与体块本是一物，只是分别从内外两个角度进行讨论，在内它强调了强烈的围合感，故称之为盒子。在外其强调了强烈的自我存在感，也是对周边空间的侵占感，故称之为体块。但不可否认的是，盒子或体块这一要素明确区分了空间的内与外。内部尤其是角部的空间感受要相对完整才能形成包裹感，而外部的空间感受则由于角部的封闭使体块的占据感十分强烈。

希格弗莱德·吉迪恩在《空间·时间·建筑：一个新传统的成长》一书中比较了埃及的金字塔与罗马的万神庙，指出几乎实心的金字塔还是从外表出发的，只有万神庙第一次展示出一个被塑造的内部空间，但这一内部空间的表达却又在外部被忽略。抽象地来看，这两者正是实心与空心盒子的典型体现。直到巴塞罗那德国馆将（西方的）空间从沉重墙体中解放出来，才让内外空间的表达获得了某种一致性。

这种内外表达是否一致，以及盒子内部的空间如何塑造，正是此类空间最耐人寻味之处，也使盒子可以呈现出多样的空间形态。

盒子空间可以层层堆叠，在内部各自独立，在外部相通，如萨夫迪设计的蒙特利尔实验住宅 67 号（图 2.15、图 2.16）；可以在内部翻转，如赫兹伯格（Herman Hertzberger）设计的比希尔大楼；可以巧妙紧凑地错位堆叠，在外仍然还原成一个完整盒子，如路斯（Adolf Loos）设计的穆勒住宅；可以或松散或紧凑地占据更大盒子的内部，让剩下的空间彼此连通，表现出暧昧的内与外特征，如卒姆托（Peter Zumthor）设计的瓦尔斯温泉浴场（图 2.17、图 2.18）；可以让盒子分裂，让裂隙对盒子产生积极影响，如马特乌

图 2.15　蒙特利尔实验住宅 67 号（萨夫迪设计）

图 2.16　蒙特利尔实验住宅 67 号剖面（萨夫迪设计）

图 2.17　瓦尔斯温泉浴场室内（卒姆托设计）

图 2.18　瓦尔斯温泉浴场外观（卒姆托设计）

斯兄弟（Aires Mateus）设计的阿连特茹海岸之家；可以让盒子一个挨着一个，通过洞口与屋顶表现各自相对完整的内部空间，如奇普菲尔德（David Chipperfield）设计的桃花源别墅；可以在体量内部挖洞，强调出其内部的独特，如霍尔（Steven Holl）设计的麻省理工学院（MIT）学生宿舍。 最后，盒子本身的形状、大小也极大地影响着空间效果[③]。

2.1.4　杆件、板片及体块限定的空间可以相互转换

　　杆件、板片及体块限定的空间可以具有很明显的差异，但也并非不能转换：林中乱木形成迷宫，但林荫大道的引导性却可以像两面墙那么强；峡谷峭壁如果被巨石跨过，其下空间也宛如洞穴。这是因为几何形的差异有比例界值，多长多细算是杆件？多宽多薄算是板片？多厚多高算是体块？这个值是相对的，会随着与相邻构件的几何关系变化而变化，也会因人的尺度感知而改变。粗大的柱子如果内部被掏空，也可以成为体块；细长的柱子间隔越近，则效果越接近板墙；纤细的梁柱限定出空间的框架，但尺度巨大的梁则会产生板或体块的空间感（图2.19）；板片相互重叠、交叉、封闭，形成T形、H形或U形，甚至三维折叠，都将逐渐产生盒子的空间感；封闭的体块当围合界面断开、分离时，板片的特征也将逐渐呈现，而封闭的体块随着洞口的开启，内外之间的空间差异既可以被强化，也可能被弱化。

　　这样的转换、叠加与演变带来变化无穷的空间效果，其中微妙的差异需要敏感的知觉来体验。这种能力可以通过制作模型来获得提升，其中观察与调整是重要的手段。

图2.19　上原之家（筱原一男设计）

2.2　通过几何体练习"型"的构成[④]

　　我们已经了解到几何体（杆件、板片和体块）作为空间限定要素，可以帮助形成基本的空间认知。但再深究下去，我们到底看到的是什么？几何体？几何体之间的空间？几何体之间的关系？三者各扮演怎样的角色？如何相互影响？对这些问题的探讨可以帮助我们了解"型"的构成。

　　其中有以下三个关键步骤：

　　首先，需要建立要素与系统的概念。几何体作为某种要素，它们之间的关系则表现为系统。我们需要学会识别要素与系统，并将它们与建筑问题联系起来，学会在不同情况下进行思考。

　　其次，了解要素与系统之间是如何互动的，是否具有某种规律特征，这就是两者之间的组织方法。按照这种组织方式进行操作，是"型"的构成。

　　最后，"型"的构成可以导向怎样的空间？让"型"与空间建立联系，是我们最终的目标。为此我们需要借助空间意象的训练，需要在建筑的抽象、具体问题与真实感受之间找到联系，需要从构成走向建构。

2.2.1 要素与系统

我们已经知道，杆件、板片和体块三种要素组合可能形成非常丰富的空间形态。此类模型空间可以看成很多个片段的组合，也可以看成一个整体通过一种规则进行操作而形成的结果（图2.20、图2.21）。这些被分解的素材就是要素。要素通过一定的逻辑方式组合在一起，这种抽象的关系就是系统。以不同的视角可以将对象归纳为不同的要素与系统类型。就建筑而言，可以从以下三个视角加以归纳：几何体要素、构件要素与物件要素。

（1）几何体要素。几何体是对构件要素的简化方式之一，具有明确几何特征的形体构件可以称之为几何体要素。杆件、板片和体块是三种基本的几何体要素，但L形板、三棱锥等更复杂的形，当它们在空间限定上有相对突出的作用时，也可以看成几何体要素。例如，库柏联盟学院（Cooper Union）提出的装配部件（Kits of Parts）、柏庭卫（Vito Bertin）发展的杠作（Leverworks）中的构件单元等（图2.22、图2.23）。

（2）构件要素。对于建筑物来说，纯粹抽象的几何体是不存在的。这些几何体在建筑中都有更具体的含义。在强调结构关系时，是梁、柱、框架等表现了几何体要素在建筑受力关系中所受的限制。从空间位置或功能关系上来看，是门厅、走廊、楼梯等，甚至是壁炉、门斗，就像在赖特（Frank Lloyd Wright）的别墅设计中，壁炉常常成为空间组织的核心（图2.24、图2.25）。不仅柱子、楼板与楼梯可以被认为是一组相对独立的构件要素，几根柱子与楼板相互限定的局部空间也可以被看成一种空间体量，被单独抽离，成为构件要素。这些构件之所以可以被抽离，是因为它们具有的特殊空间特征或结构特征［如卒姆托在瓦尔斯温泉浴场中发明的T形结构体（图2.26）］，同时又具有支撑结构与功能空间的作用。

（3）物件要素。它是被赋予了材料的构件要素，还可以分为两类。一类是具有真实建筑材料的构件要素，如混凝土梁、金属梁，进一步建立了要素的真实尺度。这一类要素会在建造体系中进行调整。另一类则是采用不同模型材料制作的几何体要素，如用木板、卡纸、泡沫、花泥、塑料等制作的杆、板和体。这里模型材料影响的不是真实尺度，而是模型制作的程序。是剪是切，还是锯？是挖是插，还是钻？是弯折是拼贴，还是插接？制作的逻辑将对这类要素的表现产生影响，并且还可能反过来影响到构件要素、几何体要素，甚至建筑本身特性的表现（图2.27、图2.28）。对于几何体要素而言，点线面等视图关系是一种系统，框架是一种系统。随着数码虚拟技术的发展，三维空间网络等更复杂的形态关系也可以形成控制几何体要素组合的系统。对于构件要素而言，限制会多一些，要考虑到功能安排或结构受力的影响。如柯布西耶的多米诺体系是一种经典的系统，突破了对围护与结构关系的传统认识。海杜克（John Quentin Hejduk）的九宫格框架[⑤]也是一种系统，它不仅意味着抽象的框架形式，在整体上也是梁柱的结构关系。

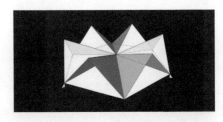

图2.20 模型空间1（模型空间有时可以看作由很多片段的限定要素组合而成，如多个三角面拼接出空间）

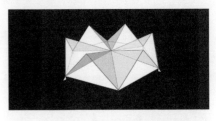

图2.21 模型空间2（有时也可以看作由整体通过某种原则操作而成，如折叠出空间）

图2.22 杠作整体（柏庭卫指导中国美院学生设计制作）（杠作指的是构件之间像杠杆一样相互支承受力的结构体）

图2.23 杠作单元（柏庭卫指导中国美院学生设计制作）

图 2.24 罗比住宅的壁炉（作为空间组织的核心）（赖特设计）

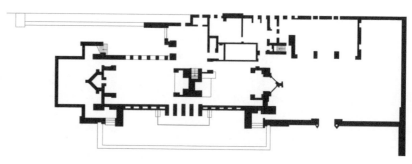

图 2.25 罗比住宅一层平面

图 2.26 瓦尔斯温泉浴场的 T 形空间结构单元 （卒姆托设计）

图 2.27 石膏根据模具浇筑出的模型空间

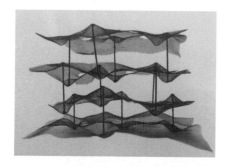

图 2.28 金属网被细杆支撑张拉出模型空间

2.2.2　空间组织

我们区分要素与系统，是为了便于观察分析要素与系统之间的关系以及可以呈现出怎样的规律，这种规律便是组织模式。构成原则（Composition）从巴黎国立高等美术学院体系［也称"布扎体系"（Beaux-Arts）］开始，至今仍然是重要的空间组织方法。例如，用轴线的重复和角度变换串联大小不等、形状各异的空间或体量，形成强烈的秩序感，无论在古典建筑或现当代建筑中都是常用的手法。但需要注意的是，这一方法常常借助二维面（平面、立面、剖面）来表现，而对三维空间进行推敲则较为困难，这是它的局限之处。

但从构成主义（Constructivism）开始，我们学会利用轴测图解和模型，抽身俯视建筑，将构成原则引入三维空间。

我们可以用以下几种模式举例：

对于几何体要素而言，重力的作用常常是被忽视的，其中最经典的还是凡·杜斯堡的空间构成轴测，可以看作是沿笛卡尔坐标系下的三维空间网格布置的，局部相交、局部分离的板或体块，表现出一种抽象的概念上的空间。

就构件要素而言，不仅要考虑重力影响，还受建筑体系的限制。例如，柯布西耶的构图四则，虽然以构图命名，但其实是以四种建筑形态表现出的建立在多米诺体系上的空间组织方法——拉罗歇—让纳雷别墅（Villa la Roche-Jeanneret）"如画的"构图形式，也就是自由的体块加法；斯坦因别墅（Villa Stein-de Monzie）是在完整立方体中紧凑安排各个空间或挖去部分内部空间的体块凑整或挖减；迦太基别墅（Villa Baizeau）是用柱网容纳加法体块；萨伏伊别墅（Villa Savoye）是用完整的立方体包围自由的加法体块（图 2.29）。

九宫格的空间训练是同时从几何体要素与构件要素层面进行的。首先在一层的空间训练中用点、线、面的构成原则来研究装配部件（要素）可以如何与框架产生关系，并引出建筑的基本问题。

在随后发展的方盒子问题（The Cube Problem）中将问题延伸到三维立方体空间中，探讨如何通过给定一个物体（如方盒子）让形体的限制激发设计者自己构思一套程序（Program），从而形成一套可以操作的逻辑关系。无论在一层，或是多层空间训练中，最关键的仍然是在平面、立面、剖面与轴测或三维模型之间的相互推敲：二维的图像究竟会呈现怎样的三维空间？三维的空间又是如何被折叠隐藏在二维的图像中的？

东南大学的设计基础教学从20世纪80年代中期开始即采用了"立方体"这一练习，探讨的也是类似的问题[6]（图2.30）。

香港中文大学顾大庆教授归纳的七种空间组织策略——杆件调节、板片限定、板片划分、体块占据、体块挖切、体块图底平衡、透明性，清晰地罗列了杆件、板片与体块这三种空间限定要素通过与之相适应的操作手法所产生的空间特征。

2.2.3　空间意象

最终，我们需要体验要素与系统通过特定的组织方式所形成的空间，并理解这一空间效果与要素、系统及组织方式的关系，以及这种关系是如何形成、相互影响的。

现代主义艺术［尤其是包豪斯（Bauhaus）］运用了一系列原理来说明这个问题，影响至今，如后人归纳的"统一和谐"等形体的美学原理、"几何有机"等形体的基本属性原理、"重复对称"等形体的构图原理以及"扭曲压缩"等设计变形原理[7]。这些原理落实在空间"型"的构成训练中，可以帮助我们思考如何去观察及调整空间的意象。

我们可以从下面两个层次来观察与调整空间意象：

首先是通常所说的空间描述，如水平、高耸等。这是对空间最基本的一种认识。无论要素、系统或组织关系如何改变，最终都将反映在这里。例如，改变几何体要素或构件要素的大小、比例、位置，可以发现空间形态也将相应发生变化。在中国传统木构建筑中这一点很明显，即使相同的结构形式，但大小不同的材分也会使空间产生差别，皇家的材分使空间显得高耸宏大，而民居的小材则使空间显得矮小亲切（图2.31、图2.32）。

其次是更为抽象的结构关系，比如中心、边缘、路径。它们存在于人类共有的感知层面，是为空间感受进行定位的特殊部位。例如，一根柱子可以成为某个领域的中心，边界的远近及封闭程度、洞口的大小与路径的曲折与否都将显著影响空间形态。改变它们，则可能使空间意象的结构发生改变。例如，为了符合变化的宗教仪式，教堂平面从希腊十字的集中式发展到拉丁十字，祭坛的位置从正中心转移到后侧，均强化了前进的路径（图2.33）。

针对系统而言，空间意象还包括离心、向心等影响其效果的机制和概念。它是对空间更微妙的一种描述。比如在类似的要素系统与组织方式基础之

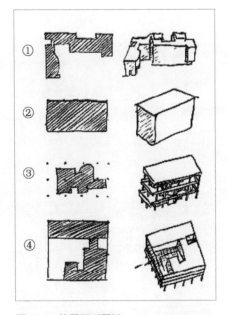

图 2.29　构图四则图解

图 2.30　东南大学立方体练习模型［瓦托（Vito）制作］

图 2.31　北京故宫的柱廊

图 2.32　苏州拙政园的"小飞鸿"廊桥

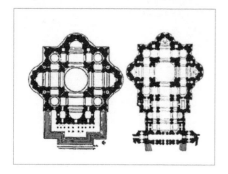

图 2.33　罗马圣彼得大教堂的平面发展过程
（从集中式发展到拉丁十字）

上，调整要素的相对尺寸、位置，或调整系统的密度，对于整体空间而言，均会产生不同的张力，这是一种拓扑关系。通过它可以对空间进行微调。例如，SANAA 建筑事务所设计的瑞士劳力士学习中心，起伏的地面让原本相似的空间产生了不同的意象，下凹的区域产生向心性，上凸的区域则产生离心力（图 2.34、图 2.35）。

2.2.4　操作与观察

在"型"的构成训练中，为了建立手法与结果较为直接的关系，预设的规则很重要。既可以由教师提出，也可以由学生在发展过程中自己设定。规则太多，限制也许会过大，可能导致僵化；规则太少，又可能使结果与手法之间的关系太复杂，从而不能建立清晰的认识。因此规则有优劣之分，会影响训练的效果。

以几何体展开"型"的构成练习，每个模型都可以从不同的角度去认识，我们可以选择不同的要素与系统来观察其所形成的空间效果，并在自己设定的一套规则中改变要素与系统之间的关系，在调节中观察空间形态的变化，思考这种变化可能带来的结构和功能上的改进潜力。

通过这样的解读，可以发现空间的造型不是随意的组合，而是环环相扣，微妙而有机地联系在一起，即使只是在对模型构件进行操作，它们也代表了多种层次的关系，即形式的、功能的、结构的，形成如人体一般精密的整体。

2.3　构成与建构：几何体引发的理念

20 世纪初荷兰的修士建筑师汉斯（Hans van der Laan）将建筑空间（Architectonic Space）视为自然空间的一种附加物，可以调和人的感知空间与自然原始空间之间的冲突。如果将建筑空间视为独立于自然真实世界的一部分进行探讨，探讨"型"的构成，几何体是非常有效的研究工具，可以帮助我们分析出形状清晰、明确的空间构件与系统，探讨其相互间的关系。若结合具体的建筑问题思考，则会涉及更多建构（Tectonic）的问题，将产生建筑的"型"，此时几何体就不仅是抽象形式，而是结合了材料、构造、结构及建造的问题，变得复合而具体。

那么从几何体出发的空间"型"的构成练习究竟有何意义？首先我们关心的是这一练习究竟在多大程度上可以被转换为真实建筑的问题，又是如何转换的。凡·杜斯堡 1924 年在《走向新造型主义》一书中，结合艺术观念的改变，提出了风格派建筑的 16 个特点，强调了对立方体的分解，激发了对建筑空间的新认识。但有趣的是这张影响巨大的空间构成图其实是他艺术家之宅的一张分色块图解，轴测角度强调了它的抽象概念，但同时也暴露了它与身体感知的距离。从乌得勒支住宅的实验来看，它的概念超出当时的建造技术太多，无法在真实的建筑空间中实现理想中的轻盈和无尽之感。直到密斯的巴塞罗那德国馆建成，才从某种程度上在真实世界中实现了这一空间概念，可见空间的"型"在概念与现实之间还是有距离的。

再看同一时期柯布西耶的多米诺体系，凝练地表现了空间与结构、功能的关系。柱子楼板代表了支撑系统，楼梯代表了功能系统，但围护系统的独立与自由是暗示出来的。空间的进一步发展需要更多的条件或规则，为此他发展了构图四则。这同样也体现了概念与现实之间的距离。

为何会产生这样的差距？原因之一是空间"型"的抽象性使"型"只表现某些特定的问题，而对另一些问题加以隐藏。正如多米诺体系反映出框架系统的限制性，围护结构的自由是隐藏其后的；而空间构成反映出要素组合的自由性，坐标系的限制则未被强调。"德州骑警"结合两者，在九宫格及其后续发展中探讨了不同的几何体要素如何在受限的框架中获得空间的自由，但材料与真实的建造问题仍然是隐藏的。

正是这种几何的抽象语言所蕴含的空间观念与真实建筑之间的距离感，吸引着建筑师不断从艺术、哲学的想象中探索新的空间的可能性。例如，风格派（De Stiji）艺术引导了流动空间⑥。当代艺术对不规则形或不定形（Formless）的理解同样激发了当代建筑更多"型"的可能。

我们总是反反复复在观念的空间与真实的空间之间徘徊，研究空间的"型"是两者之间有效的媒介。对于建筑而言，我们不仅通过空间的"型"来发掘建筑的"型"，还总是试图找到形式与更多建筑基本问题的复合"型"，如形式对结构、设备、材料乃至地形的呼应，并获得空间质量。这便是谈"型"的意义。

图 2.34　瑞士劳力士学习中心下凹区域（SANAA 建筑事务所设计）

图 2.35　瑞士劳力士学习中心上凸区域（SANAA 建筑事务所设计）

注释

①这些学者包括顾大庆、程大锦以及彭一刚等。
②史永高．线性建筑构件的空间性问题研究 [J]．建筑师，2009（1）：75-78.
③葛明．体积法（1）——设计方法系列研究之一 [J]．建筑学报，2013（8）：7-13；葛明．体积法（2）——设计方法系列研究之一 [J]．建筑学报，2013（9）：1-7.
④这里型的构成与形式构成的概念有所区别："型"指的是从形体、功能、结构等多重角度同时考虑的多系统关系，而"型的构成"探讨的是这些多系统关系可以如何进行组合研究的问题，并以能获得一种内在的和谐一致为最终目标。
⑤九宫格是海杜克在斯拉茨基与赫希的形式练习基础上发展而来的。
⑥东南大学的方盒子命题实际上即传承自苏黎世联邦理工学院（ETH），由顾大庆、单踊及柏庭卫在 20 世纪 90 年代制定并发展。
⑦贾倍思．型和现代主义 [M]．北京：中国建筑工业出版社，2003.
⑧还可以再举的一个例子是柯布西耶在他的建筑中所表现出的某种形式感与空间感——如相互借用的轮廓线与移动的视点（漫步的空间组织方式）——同样是他在自己的纯粹主义画派（Purism）画作中醒目的特征。参见刘东洋的博文《柯布西耶与绘画》。

图片来源

图 2.3 源自：彭凯宁摄.
图 2.4 源自：龙美术馆，http://www.gooood.hk/long-museum-west-bund-deshaus.htm.
图 2.5 源自：陈洁萍摄.
图 2.20、图 2.21 源自：安帅绘.
图 2.22、图 2.23 源自：顾震弘摄.
图 2.24 源自：蒋梦麟摄.
图 2.25 源自：安帅重绘.
图 2.26 源自：瓦尔斯温泉浴场结构，http://wenku.baidu.com/link?url=Y6wOZiw6gUGEFx7OxpBbBL0i-H9CCGuF77J3mC4m85116HXTxUfRspwGiuchBfSY_fcghBH6FyAjV31dSJg_4lrNuy69yGA2WmYmKpWXwya.
图 2.27 至图 2.30 源自：安帅摄.
图 2.34、图 2.35 源自：http://www.treemode.com/case/classical/27.html.
注：其余图片皆来自公开版权网站 Flickr.

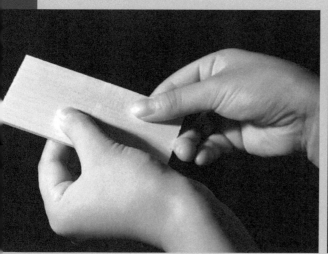

模型操作

空间立方体

　　清晰的操作往往利于产生特定的空间秩序和形式语言，即便这一操作可以用简单的词语加以描述也不妨碍其创造丰富空间的潜力。同时，操作的对象——特定的模型材料——也成为这种秩序产生的背景。

　　练习中我们将用到板片和盒子这两种要素。针对不同要素可采用不同的操作方法。同时，即便是同一类型要素，当模型材料有所区别时，其潜在的操作方法也往往不同。

　　模型操作的目的是生成空间。这一过程可以通过对模型的观察来体会和验证。一般来说，操作过程和操作结果之间具有一定的关联性。发现和体会这种关联性并以此推敲操作，使其更有逻辑性和目的性，继而生成有鲜明特征的空间是这一练习的目标。

　　观察记录是促进空间操作的有效工具，通过观察和记录总结操作的结果，继而使操作更为清晰。速写和拍照是记录空间操作结果的有效方法。将一系列操作的照片或速写加以比较可以帮助我们发现特定操作的空间潜力。

空间构思

工作任务：

通过对板片或盒子要素的操作来制作构思模型，生成具有一定意义的空间。强调操作与结果之间的关联性认识，并以此来推敲操作，获得清晰的形式语言和丰富的空间。

工作方法：

学生学号为单号的选板片模型，双号选盒子模型。模型选用单一材料。板片可选用卡纸等，盒子选用泡沫塑料等。模型底板为A4纸大小。

通过对手工模型的观察，体验不同操作所带来的不同结果，并通过图纸和模型照片来记录观察结果。对于每一个最终模型，其操作种类一般不多于两种，且可以用简短的语言进行描述。

成果要求：

A5模型照片至少三组，每组代表一种操作产生的模型效果，每组必须包含整体模型照片与模型内部空间照片；

A5铅笔速写至少三张，以表达模型的内部空间局部透视，每一张表达一种操作结果下的模型内部空间；

A4底板手工构思模型至少三个，每一个代表一种操作结果，并选定一个作为后续发展；

所有的速写、模型照片均需选择至少三张（组）列入最后的工作手册。

学生作业（施慧文等）

概念抽象

工作任务：

调整、提炼上一阶段研究中的形式语言，在满足规定轮廓尺寸的条件下，继续对板片或盒子要素进行操作。仍然强调直觉操作与空间结果之间的关联性认识，并以此来推敲操作方法，获得更为清晰的形式语言，最后生成具有一定尺度和意义的丰富空间。模型操作是手段，据此形成的空间是我们关注的焦点。必须尽量以最为简单、清晰的模型操作方法来获得特征鲜明、富有意义的空间。

工作方法：

基于前一阶段提炼出的操作方法，按照 1∶100 的比例设计并制作外轮廓尺寸为 7.2m×14.4m×21.6m（比例为 1∶2∶3）的模型。每位同学的模型根据学号选择不同的放置方向，分别为高度 7.2m（平板）、高度 14.4m（横板）、高度 21.6m（竖板）。手工模型仍然选用单一材料制作。

模型操作因考虑了空间尺度以及体量放置方向（平板、横板、竖板），该阶段练习具有了新的内部空间可能性；同时，通过对这些可能性的研究可逐步形成更加明晰的空间概念，有助于进一步调整、提炼和澄清模型操作语言。内部空间应满足人的正常站立、通行等一般功能，但本作业不讨论具体使用功能。

通过模型操作可获得多个内部子空间，这些空间需由路径串接，亦可在视线上相互联系。注意各内部空间在形状、大小、高矮、比例、方向、明暗、通透性、光影效果等方面的特征，把握空间之间的阻隔、连接、交叠等相互关系，想象人在内部空间行进时所体验到的空间序列和节奏变化。

结构不是本作业的讨论重点，但应适当考虑重力因素以及荷载传递过程，手工模型应至少能够自主稳定地站立。

成果要求：

1∶100 比例手工抽象模型至少三个，并选定一个深入发展；

与手工模型对应的 SketchUp 三维模型，并选定一个深入发展；

A5 铅笔速写两三张（人眼视点，外部和内部透视）；

A5 模型照片至少三张（相同角度的鸟瞰及内部空间的人眼视点）；

A5 SketchUp 三维模型图片至少三张。

学生作业（刘子彧）

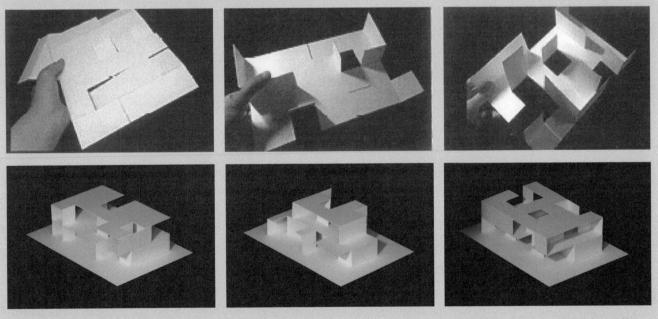

学生作业（施慧文）

SketchUP 图片①

SketchUP 图片②

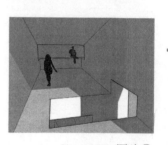

SketchUP 图片③

作图总结

工作任务：

根据第二阶段发展的徒手草图和手工模型，用铅笔尺规绘制出最终的平面图、立面图和剖面图，并和前两个阶段已有的铅笔速写、SketchUp三维模型图片以及手工模型照片一起构成A2版面。同学之间就操作过程和最终得到的不同空间进行讨论。

成果要求：

1：100比例空间构思、概念抽象最终手工模型各一个；

A2排版图纸两三张，尺规作图，照片和图片可拼贴；

各层平面图若干，立面图至少两张，剖面图若干，比例为1：100；

模型照片鸟瞰一张、平视一张，内部模型照片至少两张，A5图幅左右；

与手工模型对应的SketchUp三维模型图片至少两张，A5图幅左右；

与手工模型对应的铅笔速写至少两张，A5图幅左右。

姓　名：常哲晖
指导老师：顾震弘
学　号：01A10308

空間立方體

操作示意图

← 发展

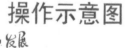

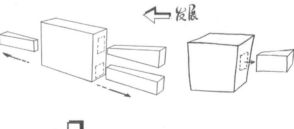

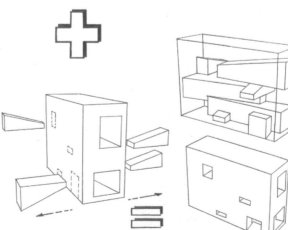

立

A-A剖

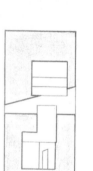

B-B剖面图 1：150

C-C

模型照片鸟瞰

模型照片平视

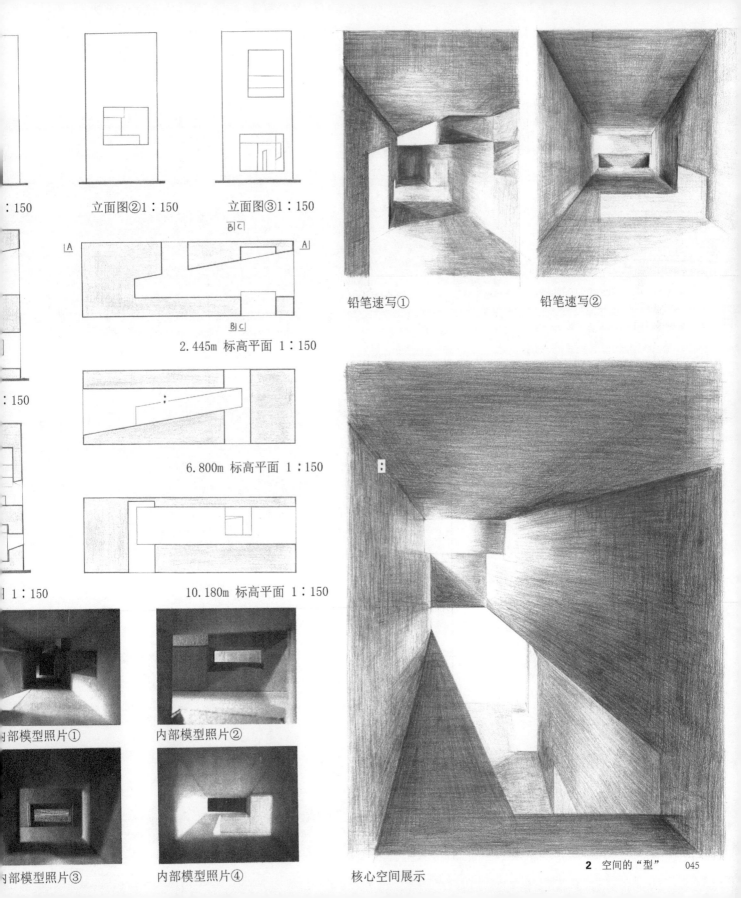

： 150

立面图②1：150　　　　　立面图③1：150

2.445m 标高平面 1：150

6.800m 标高平面 1：150

10.180m 标高平面 1：150

铅笔速写①　　　　　铅笔速写②

内部模型照片①　　　内部模型照片②

内部模型照片③　　　内部模型照片④

核心空间展示

空间立方体

点接

姓　名:黄新洋
学　号:01A10331
指导教师:朱　渊

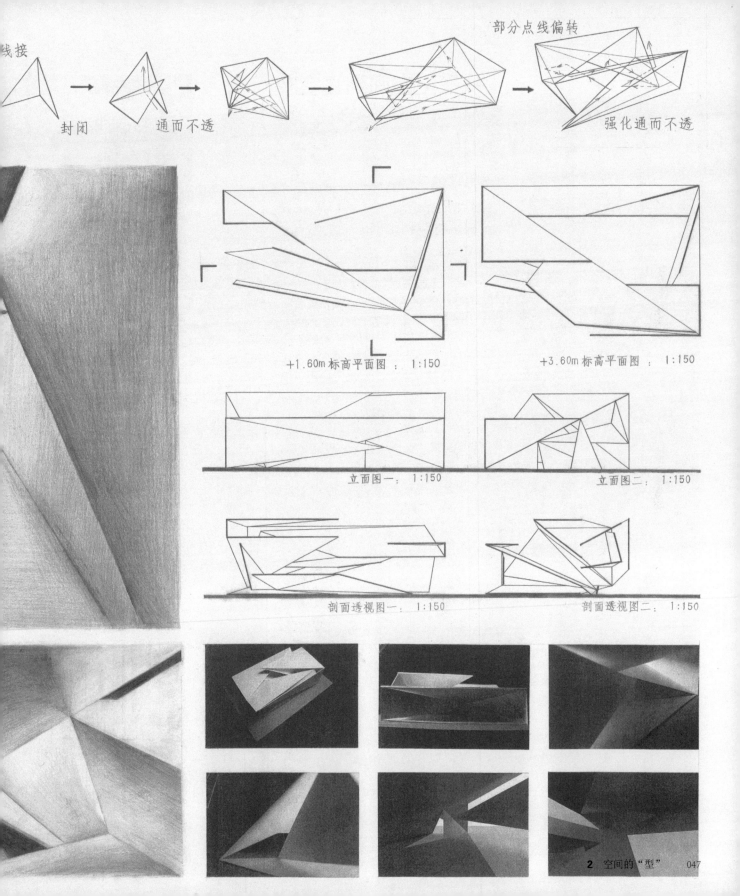

线接

封闭　　　通而不透　　　　　　　　　　部分点线偏转

强化通而不透

+1.60m标高平面图：1:150　　　　　+3.60m标高平面图：1:150

立面图一：1:150　　　　　　　立面图二：1:150

剖面透视图一：1:150　　　　　剖面透视图二：1:150

从模型空间到真实空间

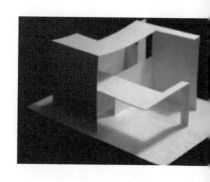

模型材料和比例

常用的模型材料大致可分为三类：片状材料（卡纸、瓦楞纸等），线型材料（木棍、吸管、铁丝等）以及体块材料（泡沫块、花泥等）。对这些模型材料进行最简单的加工和组合后我们便会意识到，模型材料形态的差异导致它们生成空间的方式（标示、占据、包裹、覆盖）不尽相同，从而引导、启发设计者采用不同的手段来进行相应操作（排列、切挖、弯曲、折叠……），为空间赋予不同的特质和形式（图 2-a）。此外，这些材料在质感和连接方式上的差异也会促使我们采用不同的制作手段（堆叠、插接、粘连……）。我们甚至能从一些建筑作品中辨识出模型材料及相应操作的影响和痕迹。

在设计的各个阶段，我们都可以通过制作模型来研究不同的问题、发展以及表达设计。模型是最为直接地处理地形、环境、空间、建造、形式等问题的媒介。不同比例和材料的模型应对不同的研究目标：研究整体布局时，我们可以做小比例（如 1∶500、1∶1000）、大范围的模型来关注地形、环境与建筑的关系。研究建筑形体及空间时，我们可以制作稍大比例（如 1∶100、1∶200）的模型来模拟真实空间，将头脑中的设想可视化。我们还可以通过模型对空间建造进行探索和尝试，做大比例（如 1∶10、1∶5），甚至实际大小的节点模型来研究构造的技术可行性并预测建造实施方式（图 2-b）。

虽然模型能够在一定程度上较为直观地反映真实空间，但我们也要意识到它们之间所存在的差异：模型材料和建筑材料间的差异；模型材料和建筑材料、构件连接方式间的差别。

图 2-a 板片模型照片

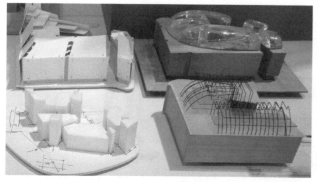

图 2-b 英国伦敦中央圣吉尔综合用途发展规划（伦佐·皮亚诺设计）

模型空间的观察与记录

　　在制作模型时，我们需要对模型空间加以观察和记录。将模型置于自然光下，或用灯创造一个光照环境，观察模型构件的增减、变化对于空间的影响。

　　首先，需要注意的是，观察模型空间与真实空间的视角往往存在差异，我们应尽可能选择空间中的真实视角来观察模型，而非总是处于鸟瞰的视角。对内部空间的观察和记录对于初学者来说尤为重要。其次，模型大多小于真实建筑，我们必须通过观察和想象去审度真实空间的品质。在模型中放入一些"尺度人"会有助于准确把握空间尺度。我们可以通过拍摄照片及绘制空间速写来记录模型外观及内部空间。将镜头伸入空间内部，模拟"尺度人"的视角来拍摄；转动模型，关注光线变化对于空间的影响；通过素描来描绘内部空间的形状、深度、层次和明暗。此外，我们应该将各阶段模型进行排列观察，拍摄模型的角度一致有助于我们总结设计的发展和演变（图 2-c）。

图片来源
图 2-a 源自：东南大学学生作业.
图 2-b 源自：笔者拍摄于《渐渐件件——伦佐·皮亚诺建筑工作室作品展（2015）年》.
图 2-c 源自：http://www.archdaily.com/70453/m-hahn-design.

图 2-c　设计研究模型（M+ HAHN 事务所制作）

3 体验、分析与设计

Experience, Analysis and Design

引子：建筑的经验，建筑中的人

建筑经验的获取有两个主要途径：一是对建筑的亲身体验，从生活中学习；二是阅读，从书籍、网络、视频等媒介中学习。生活中我们感知的是现实世界的建筑，通过身体去观察、丈量、发现和体验，从而获得生活和设计经验的积累。很多与建筑设计有关的信息我们无法亲身经历、体会，只能通过他人的文字、照片、图纸等媒介来学习。基于此，我们也可以加以总结和提炼，获取先验的、经典的知识。

建筑空间不是抽象的物质存在，人作为建筑空间使用和观察的主体，是建筑空间存在的重要维度，人与建筑空间的互动使其具有了特定的使用价值，也产生了空间场景。空间作为包容人活动的容器，为人使用，由人（人群）的活动来设定。建筑设计的目的是为人们创造一个健康、舒适、合用的空间环境；空间的品质以使用者——人——作为参照。

图 3.1　决定空间是尺度的层递关系

3.1　向生活学习

3.1.1　向日常生活学习，关注人

建筑要服务于人，这意味着对于"人"的生活理解应居于建筑设计的核心地位。这里所谓的人可能是具体的人，如某座别墅的业主，也可能是不特定的人，如一家商场的顾客；可以是少数几个人，也可能是大量的人群。不同的人（人群）对空间的体验方式和感知判断也不尽相同，这就使得我们首先要明确建筑空间的服务对象是谁，有什么具体的要求。

1）设计服务于人

•抽象的人——人体尺度和空间尺寸。空间品质以使用者对空间的体验和感受为标准进行衡量。作为容纳人活动的容器，空间的量和形是首要的，它取决于身体所占据的空间、人的行为活动需求及人的精神需要。身体所占据的空间，是最内层的空间范围；其次是人的行为活动所需要的空间，即"活动域"，包括人体摆幅、身体运动所需的空间以及交通空间等；最外层是人的心理所需的空间。建筑空间往往较我们的身体和活动所需的基本空间有所放大，比如教堂、纪念馆等建筑空间的大小更多地决定于人的精神需求（图3.1）。由人体尺寸所决定的基本空间大小亦是有弹性的。依据人使用的舒适程度，有标准尺寸、舒适尺寸及极限尺寸的分别，个体的差异也将带来这些尺寸的差异。

•具体的人——老人、儿童、成年人对空间的具体需求。不同的人（群体）对建筑的使用要求也是不同的：老人、小孩和成人对建筑的使用要求不同，

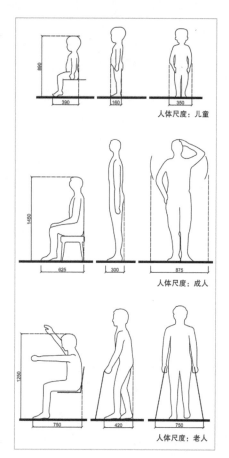

图 3.2　儿童、成人、老年人的人体尺度（mm）

他们在人体尺度和行为能力、行为习惯上存在巨大差异。为成年人服务的建筑和为儿童服务的建筑，其空间尺度和细节尺寸都应有所区别，幼儿园、儿童自然博物馆、儿童游乐场要以儿童的尺度、行为习惯、行为方式及心理感受为参照进行设计（图3.2）。而在设计老年公寓时，我们又必须考虑老人的尺度及行为习惯、行为方式特征，并以此确立家具、洁具的尺寸，开关、扶手的高度，等等，同时还必须考虑使用轮椅的老人所需要的交通空间需求（图3.3）。

· 丰富的人——个体的人，丰富的需求。假定建筑设计服务于特定业主，则自然应考虑这一具体的人的需求。每个人都有自己的生活习惯和身体特征，文化背景也不尽相同，对设计产品的要求和判断自然也是不同的。假定设计产品的使用者是具体的人则自然应以之为参照进行设计。设计的起源正是基于形形色色、具有不同需求的个体的人而产生的，需求的多样性会带来设计的丰富性。不同的人（人群）对空间的使用不同，继而产生相应的空间要求。同为教室，普通教室与设计教室也存在着差别（图3.4），普通教室主要满足学生听和看、教师讲和书写的要求，而设计教室需要满足绘制图纸、交流讨论、存放绘图工具以及评图和展示的要求。因此，设计教室的空间多布置灵活，而普通教室则布局规整。只有通过对生活的细致观察，我们才能体会到这些细微差别所带来的设计上的差异。而在设计中，我们却常常将人（人群）抽象化，仅仅将其作为尺度的参照，以这些抽象意义上的人作为设计的标尺，设计的成果自然令人怀疑。

2）设计创造生活

设计是为了建立一定的秩序。教室中的书桌上摆满了散乱的书籍，绘画用的各式各样的笔以及三角板、丁字尺、圆规、橡皮等，还有日常生活所需的手机、耳机以及心爱的装饰物品，当我们未加整理时显得杂乱无章，而通过整理，为物品设定一定的摆放位置——将绘图工具摆在桌子的左上方，将书放在高出的书架上，将笔放在触手可及的右边……很显然，我们正在创造一种秩序，使自己桌面上的各种物品变得井井有条，这种整理和规划的过程其实就是设计（图3.5）。建筑设计同样如此，将人居空间加以归纳整理，创造一种空间的秩序，使之利于人们使用。

设计是对生活方式的转译。人类建造之初，设计者既是使用者亦是建造者，使用需求和设计建造常常是高度统一的。随着图和图纸的出现，建造技术的发展和建造难度增加，出现了设计者与使用者、建造者的分离，也出现了基本上为他人设计建筑的职业——建筑师。建筑师设计建筑空间，自然也设想了空间的使用方式，即人的生活。建筑师对于生活方式的理解，在一定程度上决定了他如何做设计。建筑师将自身对于生活空间的理解转化为具体的空间形态，这种空间形态反过来又影响着使用者的行为方式及心理感知。

然而，建筑师对生活方式的塑造与使用者的真实使用方式之间也并不总是能够吻合的。使用者是一个个主观能动、具有不同性格的鲜活个体，有着自身丰富的诉求。在现实中，无论设计师的设计结果是什么，都必须

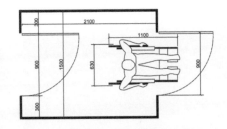

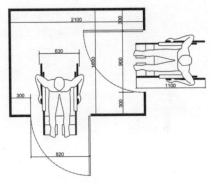

图3.3 轮椅老人的行为尺度（mm）

图3.4 前工院设计教室

图3.5 工作室书桌

面临使用者对设计师"理想设计"的回应。许多建筑建成后并非按建筑师原先设定的想法使用，使用者常常对原来的设计进行修正，甚至出现过设计者的想法与使用者真实使用间的冲突。

随着社会变迁，人们的生活方式每天都在发生着日新月异的变化，互联网时代所带来的生活方式的巨变更是异常迅猛。网上购物冲击了传统的商业空间，位于城市中心制造业的车间日渐荒废，新的空间类型亦层出不穷。面对生活方式的巨变，建筑空间应做出怎样的应对？20世纪50年代，密斯的"全面空间""一统空间"提供了一种解决的策略。今天，空间使用的灵活性及多样性要求越来越广泛。正如赫兹伯格所说："我们应当以这样的方式进行设计，使结果不是那么直接地表达一个含糊的目标，但是仍然允许不同的理解，使它可以通过使用用途形成自身的特征。"①

原研哉在《设计中的设计》中说："设计基本上没有自我表现的动机，其落脚点更侧重于社会，解决社会上多数人共同面临的问题。设计不是一种技能，而是捕捉事物本质的感知能力和洞察能力。"② 建筑设计是为了满足人的某种生活需求，设计的目的是为人们创造一个舒适、优美的空间环境，让人们的生活更加丰富而美好。"生活既是设计的源泉，亦是设计的目的。"热爱生活是学习建筑的基本条件，只有那些热爱生活、善于观察并悉心体会和乐于创造的人才可能成为优秀的建筑师。

3.1.2　向自然界学习，关注物

1）自然界的"形"——传统建筑学对自然的模拟

建筑师一直从自然汲取灵感，这种对自然的模拟始终伴随着人类的建筑史。在人类文明早期，植物形态便经常见于建筑构件：古典柱式中爱奥尼柱式的柱头有一对向下的涡卷装饰；科林斯柱式的柱头是忍冬草（或说毛茛叶）的形象，形似盛满花草的花篮（图3.6）。这种对植物形态的使用，包括对称性、图案和曲线，一直延续至今。西班牙建筑师高迪本着对自然植物的热爱，在圣家族大教堂中创造性地模仿树枝的分叉和棕榈树叶的形态，营造出色彩缤纷、光怪陆离而又变幻莫测的室内空间效果（图3.7）。

在有机体关于均衡、匀称外观的类比中，有些建筑师试图整理出可以用数和几何体系表示的、能够创造和谐与美的数学规律，这些规律在自然造物中也很常见，体现了宇宙的基本秩序。毕达哥拉斯把人体各部分的比例关系与建筑设计中要实现的比例关系等量齐观。这种思想由维特鲁威倡导，经由文艺复兴时期的几位评论家发扬光大。柯布西耶（Le Corbusier）的"模度人"和立面设计中也一再强调黄金分割与自然形态的关联（图3.8）。自然界中动植物有规律的生长过程有时会形成螺旋形，从数学角度来看，其呈现出斐波那契数列的图案（图3.9），典型例子是向日葵头部的种子图案（图3.10）和软体动物蜗牛、海螺的螺旋形外壳（图3.11）。生物的自然形态之美与艺术的人造形态之美体现了某些基本的数学（几何）设计原则。

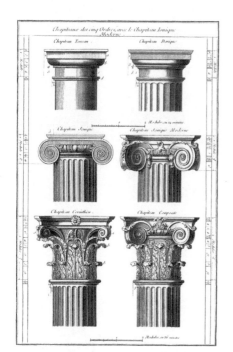

图3.6　多立克、爱奥尼、科林斯柱式

图3.7　高迪圣家族大教堂室内空间

2）自然界的法则

建筑师从自然中获取的不仅仅是这些优美的形式，还包括这些形式背后的自然法则。植物具有适应气候的自我调节能力，任何植物要生存下去，都必须对自然气候的变化做出反应。植物面对低温可以闭合其叶片和花朵，向日葵的花盘随着太阳的起落而转动，含羞草的叶子因触动而闭合等，都是植物的应激性反应过程，于是有建筑师提出建筑应该像植物一样在形态上对气候具有适应性、应变性[③]。

动物同样可以依赖本能建造生活空间，很多动物的巢穴都非常精致且复杂。弗里施在《动物的建筑艺术》一书中展现了动物基于自身捕食、筑巢等目的进行的奇妙的建筑活动：白蚁顺应自然通风、热容量及蒸发冷却的规律建造蚁穴。白天，外墙比内墙热，热空气通过多孔的墙来交换，冷空气通过地下室吸入[④]（图3.12）。蜂巢采用了一种六角柱形生物学本能的建造方式，蜂洞的六个角都有一致的规则，钝角为109度28分，锐角为70度32分，这样的形式是为了消耗最少的材料来制成最大的六角形容器，且结构也最牢固。对自然形式的抽象和再创造，也是建筑设计中常用的方法。例如，下雨天，动物在树下躲雨，人们则撑起雨伞，雨伞除了可以遮雨，还需满足以下要求，即重量轻巧、方便撑收，其结构精美巧妙，无不是为这些使用要求服务。这样一个普通的设计产品体现出人类从模仿自然到超越自然的过程，可以说，设计是人类的本质性特征。

生物的机体结构同样成为建筑师的灵感来源。汤普森把建筑结构与植物的茎干和动物的骨骼进行了一系列对比，把骨骼结构与人工制造的梁、柱进行比较。他认为可以通过研究动物和昆虫的骨骼和皮肤学到建筑构造的原理。佩罗内特在评论哥特式大教堂时，将建筑物的结构布局与动物的骨骼形态相比较："高挑精致的柱子和铺着横肋、斜肋及中间肋的花式窗格相当于动物的骨骼，而只有4—5英寸厚的细小切石和拱石相当于动物的皮肤。"

西班牙建筑师圣地亚哥·卡拉特拉瓦"不仅喜欢从自然生物的外部形态中获取建筑形式，也喜欢从人和动物的内部结构形式和运动方式中寻找

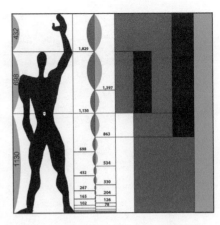

图 3.8　柯布西耶的"模度人"（mm）

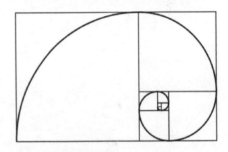

图 3.9　斐波那契数列

图 3.10　向日葵图案

图 3.11　海螺图案

图 3.12　蚁穴

图 3.13　里昂国际机场

图 3.14　密尔沃基艺术博物馆

一种最能体现生命规律和自然法则的结构方法"。他的作品在解决结构问题的同时也塑造了建筑鲜明的形态特征。自由流动的曲线，形式及结构的仿生逻辑，动物运动的机理不仅贯穿于整体结构形态，也表现于每个建筑细节（图 3.13、图 3.14）。

中国自古提倡"天人合一、道法自然"的设计思想。中国古典园林是人们追求理想人居环境和崇尚自然山水的反映，对自然山水的向往，体现了中国古代文人将儒家与道家思想结合的既出世又入世的生活态度。唐代诗人王维的《辋川别业》寄情山水，在写实的基础上更加注重写意，创造了意境深远、简约、朴素而留有余韵的园林形式。园林是人"物心转换"的场所，虽居城市，而享山林野趣之乐。园林中模仿自然、再现自然、感悟自然的精髓成为人们喜爱古典园林的必然缘由。在中国传统山水画中，以自然山水为主的写意山水画所体现的建筑物与自然环境的关系总是相辅相成，建筑隐藏在山水中，与自然环境和谐共生。

3.2　向先例学习

建筑先例是致力于满足生活需求的经典性和普遍性的积累，有民间的经验，也有精英的创建。最佳的先例学习方式无疑是身临其境的体验："旅行可以塑造人，学习建筑也是一样，建筑是必须实际造访当地、以自己的五官体验空间才有可能真正领会的，所以建筑师必须迈开脚步。"⑤现代建筑巨匠柯布西耶在他 24 岁的时候展开了长达半年的旅行，从他晚年发表的旅行日记《东方游记》（*Le Voyaged'Orient*）中就可以知道他在旅行中获益良多。安藤忠雄二十几岁决定走建筑这条路时，首先巡访了世界各地的建筑与城市："旅行途中，我每每惊讶异不同地区人们生活的多样面貌，并且深深为这些通过建筑描绘出的人们的梦想所感动。"⑥然而，在大多数情况下，我们无法实地探访很多优秀的设计作品，通过阅读、分析等方式对这些优秀的设计作品加以体验和感知，对于学生而言自然成为重要的学习方式。

3.2.1　向身边的城市建筑学习

建筑师不可能了解所有类型的建筑，为解决这一问题，建筑师可以对周边建成环境的建筑进行调研：通过测绘、访谈、体验等过程，建筑师可以对一个并不熟悉的建筑类型逐步进行了解，理解这种建筑的使用方式，获取一系列相关数据，也可以从其他视角对建成环境的建筑加以了解、分析，如其历史、结构和构造方式等。可以说，向身边的建筑学习是建筑师获取设计知识最为重要的方法之一。这些身边的建筑未必是"大师"的设计作品，却往往是设计智慧的优秀载体。

1）没有建筑师的建筑——日常生活的智慧

美国建筑学者阿摩斯·拉普卜特（Amos Rapoport）提出建筑设计应当向民间的建筑学习，这些随处可见却又常常被我们忽视的"日常建筑"，如乡野的农宅、城郊的住宅和城中村的违章建筑以及居民房前屋后的自发性营建等，它们同样反映了建筑的本质及其相应的文化价值。1964年，伯纳德·鲁道夫斯基（Bernard Rudofsky）在纽约举办了"没有建筑师的建筑"展览，使得建筑师开始日益关注被学院建筑史所遗忘的日常景观和建筑。正统的建筑史着眼的是单个建筑师的作品，而这里强调的是公众（群众）的艺术。彼得罗·贝鲁奇（Pietro Belluschi）认为这种艺术并非由少数知识分子或专家生产出来，而是那些各自生活在不同环境中却享有共同文化遗产的民族自发而持久的活动，是由实践者根据他们自身的智慧和质朴的想象力设计出来的[⑤]。圣托里尼岛层层叠叠的白色建筑群是希腊岛民面对险峻山势的居住智慧（图3.15）；中国闽南一带的福建土楼是居民共同生活及防御外敌的民间智慧（图3.16）；澳大利亚的树屋是当地居民适应潮湿自然环境和气候所做出的选择。这些自发的、匿名的民间建筑常常反映出"人—建筑—环境"之间的关系，并引发对人与自然关系的反思。

图3.15　圣托里尼岛

2）气候的应对

恶劣的自然环境似乎可以激发人类的创造力，"日常建筑"总是表现出明显的地域特征，这与其因地制宜、就地取材、因循自然的设计方式息息相关。建筑是环境的过滤器，建筑除了满足一定的人的使用需求，也要满足当地自然气候条件（风、光、雨、雪）的要求。"日常建筑"总是与当地的气候环境相适应，比如丹麦和挪威的建筑总是有着倾斜角度巨大的屋顶（图3.17），这是与当地气候严寒、经常下雪的缘故分不开的，厚厚的积雪增加了屋顶的重量，为了尽快排除屋顶的积雪，屋顶倾斜总是比其他国家来的陡峭。中国西北黄土地带的地坑院凝聚了先辈们群体聚居的无穷智慧，形成蔚为壮观的大地肌理，黄土作为天然的建筑材料，没有虫害，冬暖夏凉（图3.18）。

3）地方材料的选择

木材、砖、石子、土坯、竹子等天然材料自古存在，"日常建筑"中自然材料的选择利用总是显得那么贴切、质朴而又和谐、自然。"日常建筑"大多是人们就地取材、运用适宜技术、为抵抗自然气候条件的威胁而构建的自己的住所。比如中国山东胶东半岛的海草房，西北黄土高原的生土建筑，四川盆地的竹骨泥墙，西藏南部和羌寨的"碉楼"，雅鲁藏布江流域的木构建筑等（图3.19）。材料是建筑表达的物质载体，在时间的长河中，这个物质载体发生着连续、渐进式的变化，而非突变式的。而传统材料的衰败，新兴材料的置入，则是建筑自发性的新陈代谢。

4）建造技艺的传承

设计是技术与艺术的呈现。建造技艺需要被设计，同时也需要被传承。"在不同时代和地域的那些未受到教师指导的工匠们展现了他们结合自然环境而创造的令人叹服的才能。"[⑥]"日常建筑"常常由于经济条件的限制而

图3.16　福建土楼

图 3.17　丹麦或挪威的建筑

图 3.18　地坑院

图 3.19　羌寨的"碉楼"

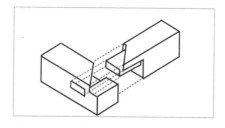

图 3.20　榫卯结构

需要采用简单却不失精巧的构造方法。为了节省时间及资金上的成本，采用的建造方式常常是最简单、经济、高效的，在此过程中能工巧匠的创造蕴含了前人的建造智慧，同时也是地域文化传承至今的重要代码，如中国古代木构建筑中的榫卯构造（图 3.20）。

　　"日常建筑"始于对精英建筑学的反思，体现了对日常生活的关注，展示出独特的设计思想和创造方法。每一个"日常建筑"都包含一段人类生活的历史，正是这些隐性的基因与密码造就了风格各异的建筑形态。

3.2.2　案例的学习方法

　　很多时候，我们在一座城市中生活，无法探访世界各地的城市和建筑，我们获取建筑知识的另一个重要来源是各种不同的媒介，如书籍、影像、网络等等。通过经典案例的学习，可以使我们在前人设计经验的基础上更快地发展自己的设计思想和方法。

　　先例学习是通过对经典案例作品背后所隐含的普遍规律的分析，将这种"普遍"规律发展为"可学"的知识体系的过程。分析通常是一个针对分析对象抽象化提炼的过程，是由具体到抽象的过程，是对具体对象层层分解的过程。设计则正好相反，是在设计结果中提取设计方法的过程。

　　1）提炼

　　提炼就是去除与分析话题不相关的因素，仅展示特定的关注视角，这些关注视角包括环境、结构、功能、路径、空间组织、形式要素等。比如对形成空间的物质材料进行几何形式总结，归纳为"杆件""板片"和"实体"；可以对建筑中的环境要素进行归类，如建筑所处的环境是城市环境、乡村环境或自然环境，建筑所处的是坡地、平地还是坑洼凹地等；也可以对建筑中的结构体系进行提取，西方古典建筑中的砖构建筑多采用拱形结构，现代钢筋混凝土建筑则是一种可塑性材料，可以构建出不同的结构形式：框架结构、板柱结构、墙板结构（剪力墙结构）或空间结构形式，如壳体结构。

　　2）分析

　　在一定程度上，分析是设计的逆过程，是对设计过程的还原。我们试图通过分析的过程来还原建筑师的设计过程。分析是一套行之有效的建筑研究方法，可以帮助我们解读建筑作品的本质。我们常以建造背景、功能组织、交通流线、几何形式等内容对建筑加以分析。当然还包括其他多种分析视角，如空间建构的分析方法，包括空间组织模式分析，主要关注"形式与操作"的关系、"使用与空间"的关系、"结构与空间"的关系，是一种以空间为主线的分析方法。其中图底关系是常用的分析工具，主要涉及图形、背景和轮廓的相互关系，以及由此所产生的心理感知。

　　3）图解

　　建筑师设计研究的媒介主要有两种：模型和图解。通过模型我们可以提炼出建构空间的核心要素，分析图则是思维过程的承载体，对设计信息进行提炼并加以抽象，通过图解的方式来还原设计者的思维过程。分析代表了设计者的思考过程以及达致设计结果的逻辑推理，当然也可以是针对设计结果本身的解读。分析应有针对性和侧重点，好的分析图应该逻辑架构清晰、细节内容丰富直观、主次明确。分析图的重点如下：将分析对象分解，分析的作用是探求事物背后的逻辑，往往分别从多个视角——加以描述。如对一街区环境加以分析，可从道路形态、绿化植被、建筑体量、建筑高度、建筑风格等方面分别加以表述，成为一组分析图。同时应注意表达的清晰性，以简洁有效的图示对分析成果加以表达，如采用约定俗成的符号、色彩等（图 3.21 至图 3.23）。

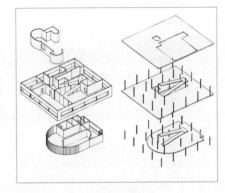

图 3.21　萨伏伊别墅分解图

3.2.3　空间体验的方法

人具有两类知觉器官，一类是直接型感受器官，如我们的皮肤和肌肉；一类是距离型感受器官，如眼、耳、鼻等感官。我们对于建筑空间的感知是上述两类知觉器官并用的感知结果。其中视觉最为直接、迅速，听觉、触觉、味觉和嗅觉都需要近距离接触参与其中才能发挥作用，它们的重要性常常被低估。

1）怎样看——发现的眼睛

眼睛是感知空间最重要的方式，空间的大小、形状、体量、光线、明暗、色彩以及距离人体的远近，都是通过眼睛感知的。我们常常说经过训练的建筑师的眼睛跟普通人是不同的，学习建筑需要一双发现的眼睛。那么，我们应如何观看呢？

• 由远及近：整体／局部／细节。我们生活在不同尺度的环境里，建筑体验的对象可以是一个建筑物，也可以是一个建筑群乃至一个城市街区。对建筑的感知是由整体到局部再到细节的过程。以东南大学为例：进入校园南门即可看到大礼堂的整体轮廓，近似方形的体量、灰色调、绿色半球形屋顶；继续向前行（50m 左右），即可注意到大礼堂竖向"三段式"外观立面形象——厚重的基座、中段的古典柱式、绿色穹窿及顶部八角形攒尖屋顶；继续前进，发现基座部分有水平线条的装饰划分，柱子采用爱奥尼柱式，屋顶上有八条放射骨架；当你更进一步靠近建筑时，便可注意到隐藏在柱子背后的古典窗户与窗台，基座上的水平线条及混凝土材质的凹凸、爱奥尼柱式的线脚、木质大门及门上的金属把手。我们对建筑的感知是由整体到细节、由形体到材质的逐步认知过程（图 3.24）。

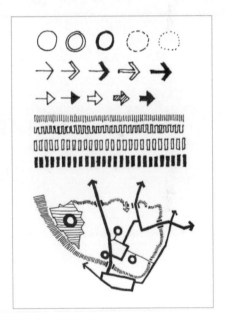

图 3.22　符号及城市意向分析

• 观看视角：平视／俯视／仰视／鸟瞰。初生的婴儿观看世界的方式与多数成人相反，天花板是他认知空间和世界的主要对象。幼儿时期的我们可以站立和爬行了，但我们观看世界的视点相较于成人依然要低得多，当我们渐渐长大，常常感叹原来觉得很高的空间变矮了，其实空间未曾改变，变化的是我们视点的高度。我们也常常仰视（抬头看）或者俯视（低头看）：中山陵和雨花台烈士陵园的台阶都利用了人眼的透视效果（图 3.25），当我们从山脚下的广场仰望纪念碑时，楼梯之间的平台是不可见的，这增加了纪念碑高大宏伟的感觉；当我们登上台阶之巅，从纪念碑所在的广场往下

图 3.23　层叠的分析方法

看时，所有的休息平台变得可见了，楼梯变得平缓和绵长了。还有一种角度是鸟瞰，也被戏称为"上帝的视角"。俯视的视角常常能够让我们宏观地把握空间的整体，俯瞰校园——教学楼及其围合的空间一览无余，这与从地面平视的角度来看是截然不同的（图 3.26）。

·由外而内：外观／空间。对于单体建筑而言，我们更多的时候是在其内部、生活其中，是建筑的使用者而非旁观者。在建筑内部我们占据空间的同时体验和感受空间。空间的大小、形状、光线、色彩、质感、视线等成为内部空间体验的重点，而空间的氛围（如封闭与开敞、亲切与宏伟等）亦是我们需要关注的。空间不仅是观看的对象，它也包裹着我们的身体，身体与空间的互动，如节奏、韵律、序列、转折和变化等，一系列连续变化的过程，给我们带来对空间的丰富体验。空间不是由一个个瞬时的、静止的画面所构成，而是一系列顺序展开的画面和场景，通过我们的大脑将其加以串联，形成整体的空间感知。

·时间变化：一天／四季。一天当中，校园也呈现不同的色彩。雨天，水面在湿润的柏油路上泛着银色微光；阳光灿烂的日子，梧桐树在中大院前的草坪上投下斑斑点点的树影；夜晚，教学楼高高的门厅中透出的暖暖的黄光，温暖着夜归人的心。四季的变化更是如此，春天，樱花在前工院报栏前盛开，杜鹃花沿着校园的围墙怒放，桃花、紫荆花、绣球等各种鲜花和绿色的草坪装点校园；初夏，梧桐树上飘落的花絮洒满通向礼堂的道路；深秋，淡黄色、金红色的梧桐叶铺满中大院前的草坪；冬天，凋零的树枝映衬着透明的蓝天。空间在不同的季节都有着自己的表情。

2）聆听建筑

与视觉相比，听觉更加抽象和间接，因此需要人们投入更多的悟性和理解。然而听觉对于空间的暗示有时又是先于视觉的，比如在有流水的地方，我们到达某空间前常常是"先闻其声，后见其形"。有时空间感知又是由视觉和听觉共同作用而成。中国古典诗词中对风声、雨声、自然界各种鸟啼虫鸣与建筑及诗人心境的结合都有深刻描述，古典园林则是对这种心境的

图 3.24　环境认知大礼堂

图 3.25　中山陵台阶仰视

图 3.26　校园俯瞰图

物化呈现，如苏州拙政园中的听雨轩，南京瞻园中的籁爽风清堂，都是对听觉与空间关系的暗示。西班牙阿尔罕布拉宫花园阶梯旁的墙头上有一道伸手可及的溪流，当从那里走过，流水声和扑面而来的水汽，使人心旷神怡（图3.27）。

3）触摸建筑

我们可以触摸物体的表面，想象一下会有什么样的感觉——砖头的粗糙、大理石的光滑、木材的纹理，还有门柄的曲线；我们可以脱掉鞋子，感受脚下的地板、楼梯和草地；我们可以感受下楼时，自己身体移动的韵律；当我们坐下时，可以感觉身体与椅子的契合，坐垫的柔软程度、色彩与光泽。由材料、光线、色彩、肌理、触感可以形成种种不同体验。当你手握楼梯扶手栏杆时，你是喜欢圆圆的、握在手里温暖而粗糙的木质扶栏呢？还是喜欢扁的、摸起来又硬又冷的金属扶手呢？或许你喜欢阿尔瓦阿托设计的黄铜扶栏，外面包上皮革，摸起来既结实又软和（图3.28）。

4）身体运动

楼梯是建筑中垂直运动最有趣的构件，我们可以感受上下楼时身体移动的韵律，把身体升起来或降下去，随着高度的变化，我们的心情也在发生着变化。长长的直跑楼梯加上尽端光线的指引把我们引向高处，心情充满期待；而向下行走的封闭的楼梯则把我们引向神秘，心情紧张而忐忑。上下楼梯时随着身体的移动视线也在不断地变化。楼梯平台为我们提供了短暂的休息、停留以及整理心情的地方，或是欣赏美景的场所。

图 3.27 阿尔罕布拉宫的流水

3.3 空间组织模式

建筑往往由"多个"空间组成，将"多个"空间组织在一起的方法多样，不同的空间组织方法也生产出各自鲜明的空间特征。为此，可以将这些空间组织的方法加以归纳、提炼，获取所谓的"模式"以利于学习和应用。前面的章节我们从"型"和"形式"要素的角度对空间组织模式进行了分析，我们也可以从影响建筑设计的其他本质要素进行提炼和分析，如"使用与空间"的关系、"结构与空间"的关系。空间组织模式和人们的生活方式有关，表现为公共生活和家居生活、集体生活和个人生活之间的区分；同样空间组织模式也和建筑的结构体系有关，空间要素的结构属性也需要我们加以解读。

3.3.1 空间组织模式与生活、结构的关系

1）空间组织模式与生活方式有关

日常生活是丰富多彩的，个人的生活自然更关注具体的空间体验，而非抽象的空间模式。与之对比，公共生活或者说集体的人，则更容易体现出一种相对的整体性，更容易加以归纳。假如特定的空间组织模式可以指

图 3.28 阿尔瓦阿托设计的扶手

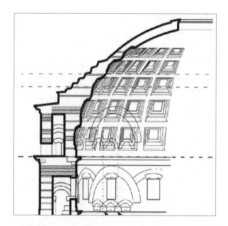

图 3.29　万神庙穹顶

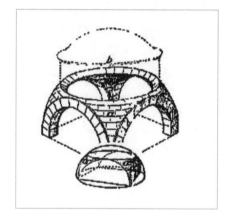

图 3.30　帆拱

图 3.31　水晶宫

向特定的空间特征，而这一特征又与人（人群）的空间体验相关，则空间组织模式的总结和应用自然存在价值。亦即，空间组织模式是空间塑造的手段、方法，而不是目的。

彭一刚在《建筑空间组合论》[⑦]一书中以空间序列为基础列举了一系列的空间组织模式。这种空间组织模式归纳方法的前提是将空间理解为几何体积明确的单元性个体，自然可以用并联、串联等方式组织在一起，继而形成所谓的序列。这种类型的空间序列也可以用流线一词加以描述。时至今日，建筑的流线组织依然是基本且重要的空间组织方法，也是建筑功能分区的重要依据，对于某些特定类型的建筑而言尤为重要。例如，机场、火车站等交通建筑要求旅客流线尽量清晰、直接，行走距离过长或者空间引导性弱都会导致使用不便。在不同人群之间有明确的流线区划：内部工作人员有独立的入口和走廊；出发旅客和到达旅客的流线彼此分开。本书则试图从新的视角审视空间组织的方法：我们从教学的视角将板片、杆件、实体理解为"空间要素"，将其作为空间组织的主角，从空间建构的逻辑加以讨论。

2）空间组织模式与结构能力有关

建筑的建造可简单地描述为由材料构建建筑空间的过程。在这一过程中，空间系统和结构系统必然产生联系。结构能力与建造采用的材料有关，常用的建筑材料（如木、石、砖、混凝土、钢材等）具有不同的特性，在空间建造过程中材料的组合方式多样，包括搭接、堆叠、浇筑、编织等。

木材作为一种线性的杆件材料，其抗压和抗拉性能均较好，易于采用相互搭接的方式形成框架体系，如中国古代木构建筑中的结构形式。石材和砖易于受压而不利于受拉及受剪，因此砖和石材常采用砌筑的方式形成垂直的墙体，当需要形成顶部围合时则较困难，早期采用整块扁长的石料形成横梁，但跨度较小，后来发明了"拱"，砖砌的拱大大增加了空间围合的跨度。古罗马时期拱形结构得到了很大发展，出现了"穹顶"，万神庙直径 43.3m 的穹顶至今仍然是砖石建造的最大跨度的建筑（图 3.29）。中世纪教堂为减轻"拱"的重量，将"拱"和"穹顶"中不需要承重的部分分离出来，形成"帆拱"（图 3.30）。哥特教堂则采用"尖璇"的形制，并进一步将承重与非承重部分分开，形成独特的结构方式。混凝土材料虽然在古罗马时代即已出现，但直到工业革命后，新型混凝土材料才成为建筑建造的主流。混凝土作为一种可塑性材料，既可以浇筑成为结构构件，形成框架结构、剪力墙结构，也可以浇筑成壳体结构等更为复杂的结构形式。18 世纪后期伴随钢材的大量应用，新的空间和结构形式应运而生，实现了前所未有的高度和跨度，如埃菲尔铁塔和水晶宫（图 3.31）。

可以说，人类文明的初期，单个建筑材料构件的尺寸和结构能力会直接影响空间塑造，此时尚无结构体系的概念，空间的获取无非是将石块、树干等原始材料进行简单的堆叠、支撑而已。随着人类文明的发展，人们掌握了由小尺寸建筑构件构建大尺度结构单元的方法（如以砖叠砌为拱）。即便如此，空间的建构依然受到建筑结构能力的极大制约，空间和结构存在非常清晰的对应关系，建筑的结构体系往往直接对应于建筑物的空间系统。例如，西方中世纪教堂中的帆拱既是一个结构单元也可解读为一个空间单元，重复的结构单元构成了序列性的空间单元。工业革命以后结构材料和技术的发展为建筑空间摆脱结构束缚提供了可能。在柯布西耶的某些设计作品中，建筑的结构梁柱和维护墙体均施以白色粉刷，结构系统不再清晰可视，空间系统进一步成为建筑的主角。

结构能力的提升为空间独立于结构体系提供了可能，为建筑师的设计创作提供了更大的自由。即便如此，以结构逻辑推动空间生成依然是非常重要的设计手段，在众多优秀的现代（当代）建筑作品中，我们依然可以看到清晰的结构——空间逻辑，空间的品质在很大程度上源于结构系统，如路易斯·康设计的金贝尔美术馆（图3.32），又如大舍建筑设计事务所设计的龙美术馆西岸馆（图3.33）。

图3.32　金贝尔美术馆

同时，我们也应看到，在很多设计作品中结构的经济性、合理性有时会让位于设计师的其他目标，如拉法尔·莫尼欧用砖砌拱获得空间，在现代建造科技的背景下自然比采用钢筋混凝土困难很多，但由此产生的对西方传统建筑文化的响应及现代表达则更为精彩（图3.34）。可见，结构技术的发展为建筑师提供了更多的选择，真正决定一座建筑采用何种建筑结构体系既有结构逻辑的思考，也更应从建筑空间的品质加以裁量。

图3.33　龙美术馆西岸馆

3）古典与现代的空间观

如果以20世纪初欧洲的现代主义运动作为古典和现代建筑空间观念区分的界限，则古典的空间观念有以下几个特征：首先，将空间理解为单元性的几何容积，如前文所述，这样的理解与欧洲古典建筑的结构体系相关；其次，空间的感知是静态的，并无时间因素；再次，空间观察的视点静止，空间体现出对称性和一点透视的深度感；最后，空间由厚重的实体限定，空间的内外区分明确。上述特征在现代空间观念中均可找到一一对应的差异性，即打破单元空间，产生不确定的"形"；动态的空间观察视角，具有时间因素的空间；空间边界通透，创造空间内外的联系。上述现代空间的特征被柯林·罗分别总结为"现象的透明性"和"物理的透明性"。

同时，我们可以发现，现代（当代）建筑师并不否定古典的建筑空间观，他们试图打破的是古典空间观的统治性地位，展现更多空间生产的方法和可能。在一些现代建筑师（如路易斯·康）的设计作品中，我们依然可以感受到古典建筑空间观的巨大影响和魅力。

3.3.2　典型的空间组织模式

对空间组织的模式加以总结，是基于这样一个假设：在建筑设计中，采用特定的空间组织模式（必然）产生与之相对应的空间品质，于是设计师可以在设计中有目的地采纳恰当的模式，以期实现理想的结果。如果这样的等式成立，则建筑设计教育和实践必然可以（在一定程度上）摆脱难以言传的玄妙气质，变得更加有章可循。

图3.34　拉法尔·莫尼欧设计的罗马博物馆

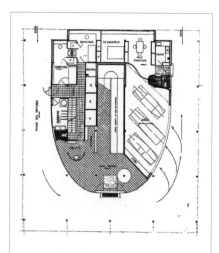

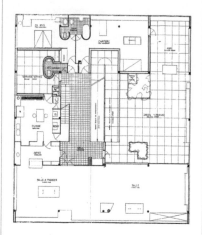

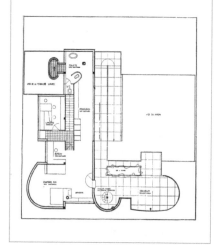

图 3.35 萨伏伊别墅平面

对经典建筑案例加以解读是所有建筑设计学习者的必经之路。解读的视角、抽象的方法应遵循这样的逻辑：尽可能与设计作品的设计方法、设计关注及空间特征密切相关，应避免加入过多的个人判断。然而，对经典案例的解读大多成为建筑理论家观念的载体，优秀、高产的设计师却罕有著书立说。

在设计教学中加以应用是我们进行空间模式总结的重要（但不唯一）的目的，于是和教学衔接的紧密度、可操作性就成了一个非常重要的依据。对于建筑学的入门者而言，最具可操作性的空间组织模式解读理应基于简单明了的图纸和模型操作。就平面（二维）而言，康定斯基将"点、线、面"归纳为最基本的抽象构成要素，也对应于三维的"杆件、板片和实体"三种空间要素。上述三种空间要素恰好与学生易于获取、加工的模型材料相对应。

顾大庆提出了多种空间组织策略，包括杆件调节、板片限定、板片划分、体块占据、体块挖切、体块图底平衡等，阐述了杆件、板片与体块这三种空间要素通过与之相适应的操作方式所产生的空间特征。顾大庆的空间组织策略归纳思路与设计教学紧密衔接，这一点在教学中的应用在他的专著《空间、建构与设计》一书中有详尽说明，这里不再赘述。

3.3.3 图底关系视角下的空间组织模式

建筑学的核心问题是空间问题，而空间的感知又必然依赖于实体，空间和实体间的共生关系导致图底关系成为建筑研究中经常出现的词语，将图底关系作为一个研究工具，以"点、线、面"在二维（图纸）上讨论建筑空间关系是自然的结果；辅以简单抽象的实体模型，以"杆件、板片和实体"为基本的空间要素，利于我们体会不同的空间特征。

我们发现这样的空间组织模式分析具有一定的代表性和时代性，即对较大比例的经典作品具有解读能力，这些作品具有较大的历史跨度且在近期更加普遍地呈现。将建筑空间从图底关系的角度加以进一步分析，主要涉及三个要素，即"图""底"和"画框"。

1）"画框"的有无

"画框"作为一个视窗，将真实世界和虚拟世界加以划分。就建筑而言，"画框"可理解为建筑内部和外部的界限。以柯布西耶的萨伏伊别墅（图3.35）为例，我们可以看到一个单纯的轮廓：一个位于二层的"方框"，将起居空间和院落同时围合，这一方形轮廓与建筑底层、顶层的曲线体量形成鲜明对比，将自身单纯的特征进一步凸显。就建筑体量而言，柯布西耶更倾向于简单的几何形，基地限制并非决定性理由。可以这样理解，几何形体为其建筑空间提供了一个边界（画框），空间的"图—底"对比则在这一边界之内体现。

密斯的两个设计作品——砖住宅（图3.36）和巴塞罗那德国馆（图3.37）则体现出不同的态度：前者墙体向外延伸，将空间内外界限（画框）打破。

后者中连续的 L 形墙体和抬升的地面共同界定出空间边界，将内部空间和外部环境分隔，即"画框"。"一"字形墙体则在"画框"中"自由"布局，成为视觉焦点，即本书中的"图"。

2）图底关系清晰

以实体为"底"，空间为"图"，则空间需要足够小（相比整个体量而言）、简洁完整、轮廓外凸，比较容易感知为简单几何体。如果建筑包含多个空间，则应呈现为独立的多个几何体。

西方古典建筑往往可以看作多个体积清晰的空间以轴线关系串接，剩余部分则为墙体（包括结构）、辅助空间、交通空间等（在"布扎"体系中称之为 pochè，顾大庆形象地将其译为"破碎"），具备"底"的特征。这一空间组织方式同样可以理解为在一个给定体量中布置数个单元式容积空间，即路斯所谓的"体积规划"（Raumplan）。路斯在米勒住宅中将这一空间组织方法进行了淋漓尽致的应用。

一个极端的案例是妹岛和世的李子林住宅（图 3.38）。该建筑体量被板片（墙体或楼板）划分成多个空间体，这些空间体高低长短不一，几何体积都可以清晰地辨识，即便有诸多洞口将空间彼此相连也不会破坏其独立性。观者在每个空间中无从感知板片（墙体或楼板）的整体形态。空间之间的洞口并非位于空间体边缘，而多在其界面中央，可见建筑师刻意弱化了板片向另外一个空间延伸的解读，板片更希望被感知为观者所在空间（几何体）的边界，这可以理解为是将西方古典建筑中的 Pochè 减至最少（其内墙厚度仅为 16mm）。

如果观察蒙德里安的画作（图 3.39），我们往往可以同时感知线条和色块（包括彩色色块和由线条围合的空白区域），即二者皆可能成为"图"，这种头脑中的瞬间变化构成了画作特有的空间感。然而对于建筑空间感知，其差异在于我们仅能在空间中游走，仅能从空间可容纳的视角加以观察。

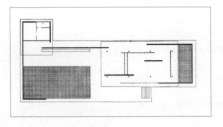

图 3.37　巴塞罗那德国馆平面

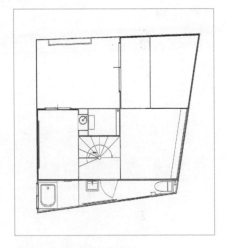

图 3.38　李子林住宅平面

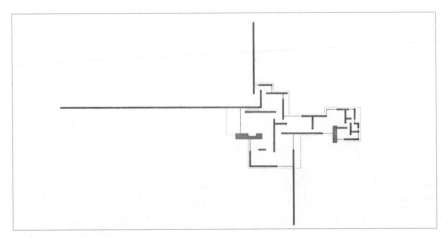

图 3.36　砖住宅平面

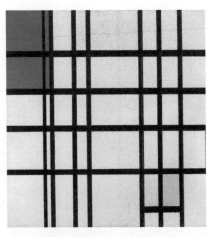

图 3.39　蒙德里安的画作

图 3.40 金泽 21 世纪美术馆

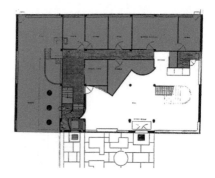

图 3.41 加歇别墅平面

如果对李子林住宅的平面图加以解读，墙体可以被当成"图"，但在空间感知中则仅能够成为"底"。

如果以空间为"底"，实体为"图"，则需保证实体足够小且独立。巴塞罗那德国馆便是一个极佳的例证。"一"字形板片（墙体）彼此独立：板片彼此垂直，则避免一板片延长线和另一板片端头相交；板片彼此平行，则避免二者端头平齐。板片作为连续空间中的限定要素，暗示出一定的领域，这种空间暗示并非明确唯一，观察者易产生多重的空间解读，产生复合的空间印象，即柯林·罗所谓的"现象的透明性"。

如果实体要素两个维度尺度接近，则可以抽象地归纳为"体块"，"体块"内部往往有空间产生。在卒姆托设计的瓦尔斯温泉浴场中，"体块"内的空间并未成为设计师的关注点，即这一建筑的空间特征更多地体现"体块"间的连续空间。金泽 21 世纪美术馆（图 3.40）则在一定程度上转化了"体块"和空间的对立关系。"图"（白色立方体展厅）相对于"底"（圆形的建筑空间）而言尺度较大，建筑的空间特征更多地体现为"体块"内多个独立几何空间和"体块"外部连续空间之间的对比。上述两个案例的建筑平面图可抽象为相似的图底关系，其巨大的空间体验差异源于空间和实体的尺度差别（对平面图进行图底关系抽象解读弱化了空间的尺度问题），也受材料、光线等一系列因素影响。

3）"图"—"底"关系含混

在柯布西耶的加歇别墅（1927 年）首层平面中（图 3.41），入口大厅和其他房间大小相当，二者之间的界线不断凹凸变化，导致空间既不总是凹角，也不总是凸角，可以同时被理解为"图"和"底"。柯布西耶在多个作品中频繁使用这一手法，而空间丰富性便恰恰由瞬间性的感知变化产生。

建筑外轮廓（"画框"）作为建筑内外之间的界限，将私人领域和社会领域加以划分，藤本壮介（Sou Fujimoto）的设计作品 N 住宅（2008 年）则是对这种分离倾向的戏谬（图 3.42）。这一建筑可以描述为三层"盒子"的嵌套，由此也产生了不断转换的图底关系。极简的立方体上遍布巨大的洞口，维持了清晰的体量解读，又总是将体量打破。院落位于最大的"盒子"之内，起居空间位于最小的"盒子"里，卧室则位于最小的"盒子"和次小的"盒子"之间，私人和社会的界限既清晰又模糊。设计师将其命名为反转宅（Convertion House）便不难理解了。

4）关于杆（点）的讨论

作为"点"，其两个平面维度的尺寸应远小于画框；从三维来看则可以描述为 x 和 y 两个维度尺寸远小于 z 维度，可以称之为"柱"或"杆"。"点"似乎理所当然地成为"图"：足够小，具备清晰的轮廓。然而，正因为这一类型要素在平面维度上尺寸小，产生了更加多变的特征。

独立的"柱"更接近理想概念的"图"，然而空间中的柱多不单独出现，多个柱同时出现时，单个柱自身的特征被压抑，更多地呈现一种完型趋势，即"柱列"或"柱阵"。而这又取决于感知主体的观察视角。例如，当我们在柱廊中行进，则柱廊空间深远，连续的柱列完型成为连续界面；假若视角垂直于柱廊，则柱列的连续性下降，视线通透。这种感知的瞬间转换无疑使得以柱（杆件）为主要限定要素的空间在感知上呈现出含混和不确定性，这也恰恰与某些现代艺术作品的特征耦合。

而当柱的相对尺寸非常小，它们对视线的阻隔和引导能力有限，即图底关系中的"图"有消失的倾向，此时空间感受中甚至产生瞬间性的空间视错觉，成为这些建筑作品中最为动人之处，这在妹岛和世的作品蛇形画廊中得以体现（图3.43）。

我们必须认识到，建筑空间绝非抽象，其最终服务对象是人，理应从人的视角对其进行观察、感知和评价，环境、建构、功能、尺度等要素共同作用形成了真实的空间感知。这均和抽象、二维的空间组织模式分析不同，即便如此，也并不妨碍以图底关系为工具的空间组织模式分析成为非常重要的空间研究工具。

图 3.42　N 住宅

图 3.43　蛇形画廊

注释

① 赫曼·赫茨伯格. 建筑学教程1：设计原理 [M]. 仲德崑，译. 天津：天津大学出版社，2008.
② 原研哉. 设计中的设计 [M]. 朱锷，译. 济南：山东人民出版社，2006.
③ 菲利普·斯特德曼. 设计进化论 [M]. 魏淑遐，译. 北京：电子工业出版社，2013.
④ 吕爱民. 应变建筑：大陆性气候的生态策略 [M]. 上海：同济大学出版社，2003.
⑤ 安藤忠雄. 在建筑中发现梦想 [M]. 许晴舒，译. 北京：中信出版社，2014.
⑥ 伯纳德·鲁道夫斯基. 没有建筑师的建筑：简明非正统建筑导论 [M]. 天津：天津大学出版社，2011.
⑦ 彭一刚. 建筑空间组合论 [M]. 北京：中国建筑工业出版社，1998.

图片来源

图 3.1 至图 3.3 源自：张彧绘制整理.
图 3.4 至图 3.6 源自：张彧摄.
图 3.9 源自：勒柯布西耶. 模度 [M]. 张春彦，邵雷梅，译. 北京：中国建筑工业出版社，2011.
图 3.13、图 3.14 源自：Philip Jodidio. Santiago Calatrava[M]. Los Angeles: Taschen, 1998.
图 3.15 源自：张倩摄.
图 3.16 源自：张嵩摄.
图 3.17 源自：张彧摄.
图 3.19 源自：张彧摄.
图 3.21 至图 3.23 源自：伯纳德·卢本，等. 设计与分析 [M]. 林尹星，薛皓东，译. 天津：天津大学出版社，2010: 55.
图 3.25 源自：张彧摄.
图 3.26 源自：张彧改绘.
图 3.29、图 3.30 源自：丹·克鲁克香克. 弗莱彻建筑史 [M]. 郑时龄，等译. 北京：知识产权出版社，1996.
图 3.34 源自：EL Croquis. Rafael Moneo 1967—2004[R]. Madrid: EL Croquis, 2004.
图 3.35 源自：W. 博奥席耶，O. 斯通诺霍. 勒·柯布西耶全集（第 1 卷）：1910—1929 年 [M]. 牛燕芳，程超，译. 北京：中国建筑工业出版社，2005.
图 3.36、图 3.37 源自：Claire Zimmerman. Mies van der Rohe: 1886—1969 (Basic Architecture)[M]. Los Angeles: Taschen, 2006.
图 3.38 至图 3.40 源自：EL Croquis. 121/122 SANAA 1998—2004[R]. Madrid: EL Croquis, 2004.
图 3.41 源自：W. 博奥席耶，O. 斯通诺霍. 勒·柯布西耶全集（第 1 卷）：1910—1929 年 [M]. 牛燕芳，程超，译. 北京：中国建筑工业出版社，2005.
图 3.42 源自：EL Croquis. 151 Sou Fujimoto (2003—2010)[R]. Madrid: EL Croquis, 2010.
图 3.43 源自：EL Croquis. 155 SANAA 2008—2011[R]. Madrid: EL Croquis, 2011.
注：其他未注明图片均源自公开版权网站 Flickr.

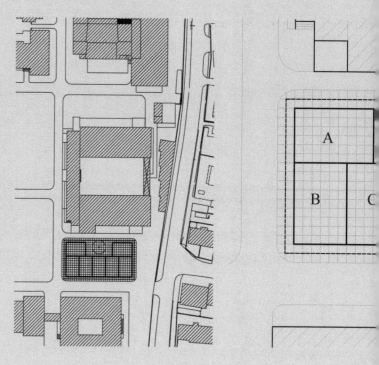

设计场地

1：2000

建筑师工作室

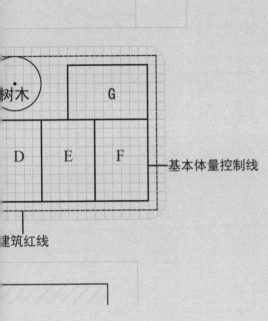

树木

G

D E F

基本体量控制线

建筑红线

1：500

本次练习将设计一个单层的建筑师工作室，供 3—4 位建筑师共同使用。

建筑体量根据学号尾数指定一个基地及其相应的原始建筑体量，其轮廓尺寸为 7500mm×10500mm×3000mm，可以根据需要添加 1—2 个体量，尺寸为 3000mm×3000mm（4500mm）×1500mm，且满足以下要求：

① 建筑物轮廓不超出建筑红线；

② 建筑总高度不高于 4500mm；

③ 新添加的体量需符合格网。

功能设置如下：

工作区：25—35m²，至少布置 800mm×1200mm 工作台三个（电脑＋绘图板），2000mm×1200mm 工作桌一个（讨论、模型加工等）。

卫生间、茶水间：共 5—8m²，合并或独立设置均可。

接待空间：10—15m²，布置有沙发，至少满足四人交谈。

储存空间：3—5m²，封闭或不封闭均可。

作品展示空间：面积不限。

另需设置书架，高度不小于 1800mm，长度不小于 12000mm。

还可根据需要自行设置休息、阅读等空间，面积不限。

设计用地位于东南大学四牌楼校区前工院与东南院之间。每位同学选取设计用地，该用地紧邻用地应认为已经有 3.6m 高的建筑体量。

先例分析 - 空间组织

先例分析是学习建筑的一种重要手段。有效的观察和分析取决于正确的设计观和适当的方法。掌握建筑分析的方法，可以提供一种深入学习和理解优秀建筑的工具，为设计提供各种有价值的想法。将这些设计思想和方法运用到自己的设计中，可以快速提升设计作品的质量。

工作方法：

解读案例图纸，熟悉建筑平面、立面、剖面制图规范，了解建筑中墙、门、窗、台阶、楼梯等建筑构件以及家具的表达方法。

根据给定建筑平面图、立面图、剖面图制作建筑模型，比例为 1：100 或 1：200（模型一）。制作模型时要考虑模型材料的厚度对制作过程和结果的影响，建筑模型材料为瓦楞纸板、木条、卡纸、塑料片等。

对给定建筑案例进行空间分析，绘制建筑分析图纸。

将案例平面图、剖面图原稿加以缩放，缩放后的平面图长边为 120mm。

在案例的平面或剖面上提炼出主要空间构件（板片、杆件和体块，可用彩色马克笔标记），去掉与空间组织无关的因素。

分析这些构件在空间组织中的组织方式和主次关系，并提炼出最有控制力的一种空间组织模式，用模型和图解的方式表达。

模型：用卡纸、木片（板片）、木棍（杆件）、泡沫、花泥、石蜡（体块）等材料制作一个立方体模型，长 × 宽为 120mm×120mm，高度为 40mm 的整数倍，反映案例作品的空间组织模式（模型二）。

图解：尝试用图示的方式表达空间组织模式，如色彩重叠或色块拼贴。

绘制模型二的平面图、剖面图，比例为 1：1。用铅笔对平面图、剖面图添加调子，强化图纸的空间概念。

观察模型二的空间，绘制室内空间透视，A4 图幅，用铅笔绘制。

观察并拍摄模型的室内空间，注意光线的控制，同时在模型内加入"尺度人"，或在之后的图面拼贴中加入人物照片，形成正确的空间尺度感。

成果要求：

将上述工作成果和先例分析成果以及两个模型的轴测照片共同构图，拼贴成为一张 A2 图纸，与两个模型一起作为成果提交。

成果要求：

案例模型（模型一），比例为 1：100 或 1：200；

建筑空间分析图及室内空间透视图（照片蒙太奇）组成 A3 大小图纸。

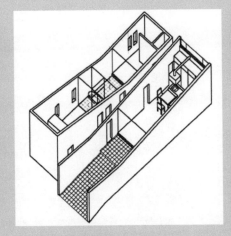

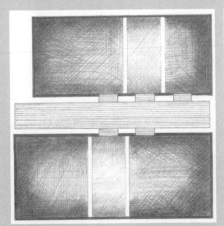

空间组织案例分析（学生作业）

[分析案例为 Sz 住宅（Sz House），宫原建筑设计室（Miyahara Architect Office）设计]

空间布局 - 建筑测绘

工作任务：

了解建筑师的日常工作环境，分析建筑师工作室的一般功能空间设置，归纳各个功能空间之间的相互关系并绘制建筑师工作室的功能泡泡图。在此基础上将先例分析得到的空间组织方法加以应用，从给定的空间组织方法中选取一种应用于建筑师工作室的设计中，形成设计概念方案。每位同学将根据学号尾数指定不同类型（板片、杆件或盒子）的空间组织方法。

工作方法：

参观一个建筑师工作室，观察和记录工作室中各功能空间的尺度、布局、使用方式和位置关系，体验建筑师的日常工作。利用半个小时探勘指定的建筑师工作室，根据拍摄照片和现场草图徒手绘制建筑师工作室的平面图，标注重要尺寸，平面图中应包含家具。在这一环节中，我们学习利用人体尺度对建筑环境进行简单测量。常用的人体尺度包括步幅、臂展、身高等。

提示：现场踏勘中如何在短时间内通过现场记录和照片拍摄来获取足够的信息、数据是建筑师的基本素养。这一工作系合作完成，3—4位同学组成一个小组，共同完成一份参观报告，其中平面图的准确性将作为重要的评判标准，故小组内的分工合作尤为重要。

对设计基地进行现场踏勘，结合任务书提出的功能要求思考并绘制设计方案的功能泡泡图。功能泡泡图需表达以下信息：

各个功能空间之间的位置关系和联系强弱；

外部环境（采光、景观、出入口等）和各功能空间的关系。

成果要求：

工作室平面图，比例为1：100，表达空间布局；

局部空间布置图，比例为1：30，表达家具尺寸和空间尺度，徒手绘制，A4图幅；

上述成果和工作室现场照片共同构图为A3或A2图纸一张；

设计方案功能泡泡图，A5图幅。

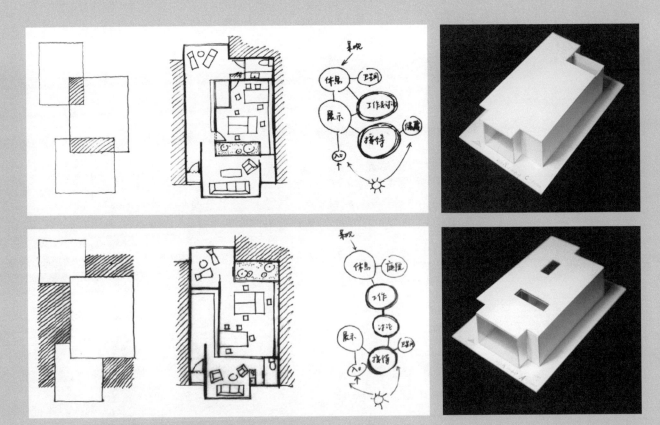

空间布局

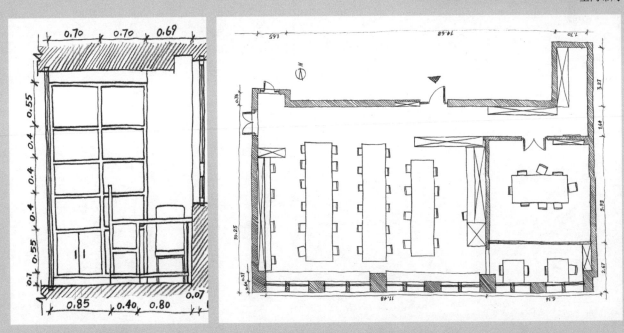

工作室测绘（m）（刘子彧）

空间组织 - 概念方案

空间解读：

在功能泡泡图中，功能空间往往被描述成独立、分离的空间单元，事实上某些功能空间既可以是独立的单元——成为"图"，也可以在一定程度上相互融合、叠加——成为"底"。由此，我们可以将各功能空间按照功能泡泡图的研究结论在建筑体量中进行布局，也可以采用特定的空间组织方法对上述空间布局加以解读和调整，形成既符合功能要求又具备清晰空间组织逻辑的设计方案。

工作方法：

在案例分析得到的空间组织方法中选取一种应用于建筑师工作室的设计中，形成设计方案。小组内尽可能选取不同的空间组织方法并相互对比、学习，以获得对空间组织方法更为全面的了解。

制作设计模型并观察，讨论空间组织方法和相应的空间特质。以蒙太奇的方式表达内部空间氛围：拍摄模型内部空间照片，拼贴入人和其他配景，营造空间气氛。

成果要求：

方案模型，1：200、1：100 比例数个，1：50 比例一个；

内部空间照片或速写，数张；

空间场景透视图，A4 图幅，电脑完成。

空间划分1   空间划分2   私密████公共   空间渗透

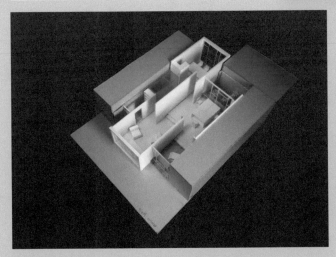

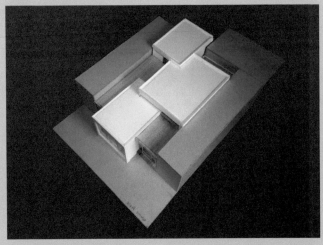

阶段性成果（刘子彧）

气候边界 - 灰空间

工作任务：

给建筑添加气候边界，明确划分室内、室外空间，发展成一个有室内气候环境要求的建筑物。通过为建筑添加气候边界进一步完善设计，强化空间概念。

工作方法：

气候边界的位置确定对表达空间概念、提升空间质量有重要作用。气候边界和空间构成要素共同限定出内部空间，形成建筑形体。调整气候边界与原有空间构成要素的位置关系，观察其对空间和造型产生的影响。

气候边界的模型材料分为透明材料、半透明材料及不透明材料。选择不同材料，观察其对室内空间的影响。

通过调整气候边界的位置，可以形成不同形式的"灰空间"。当建筑的体量有一部分在气候边界之外时，这部分空间则可能成为建筑内部和外部的过渡空间，兼有内部空间和外部空间的某些特征，我们常称之为"灰空间"。

成果要求：

两个有完整气候边界的设计模型，比例为 1：50 或 1：100；

1：100 比例建筑平面图、立面图、剖面图和轴测图。

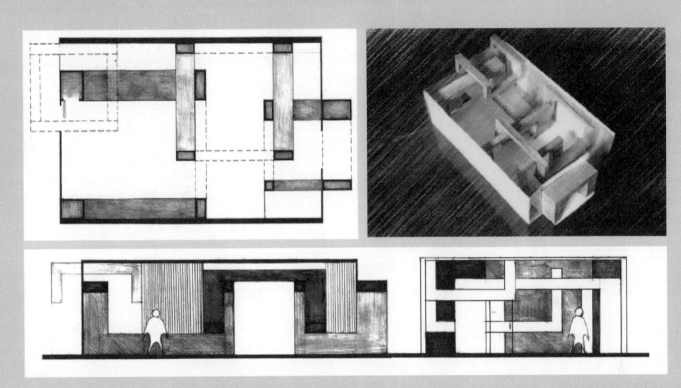

阶段性成果（袁宗月）

空间尺度

工作任务：

通过家具布置来研究室内空间的布局，根据使用要求对空间设计概念方案做适当的调整和深化。家具的形状和尺寸可以根据空间加以调整。研究重点在于人对空间的使用与空间尺度的互动关系。

工作方法：

我们要学习和研究两个层次的问题：第一，人体尺度和家具尺寸的关系；第二，特定活动需要的空间尺寸。

根据参观过程中记录的数据列出常用家具的尺寸，制作简单、抽象的家具模型。

制作空间概念模型，调整家具的摆布方式，思考家具布置和建筑空间之间的关系。

调整建筑空间尺度以符合功能要求。

绘制排布好家具的建筑图纸。

拍摄家具布置后的模型空间，拼贴完成室内空间透视。

成果要求：

1：50 比例建筑模型，含室内家具布置；

内部空间透视，电脑或徒手制作，A4 图幅。

阶段性成果（邱怡箐）

阶段成果（刘子彧）

设计表达

工作任务：

通过图纸的绘制，推敲、完善设计，并完成最终设计成果。根据透视作图法求出室内透视，表达空间感受。

工作方法：

按照建筑制图规范用铅笔绘制建筑平面图、立面图、剖面图。

根据平面图、立面图、剖面图求出室内空间透视，直接在绘图纸上绘制，可参照前面完成的照相蒙太奇描绘室内场景，用铅笔、碳粉或粉笔作光影渲染。

绘制用于表达设计思想的分析图。

将上述图纸构图，绘制于 A2 幅面图纸上，铅笔作图。

制作用来说明设计方案的设计概念模型，比例自定。

成果要求：

总平面图，比例为 1：200；

平面图，比例为 1：50；

立面图，一两张，比例为 1：50；

剖面图两张，比例为 1：50；

室内空间透视图手绘，一两张（至少一张为 A4 大小）；

模型内部空间照片，一两张；

分析图，若干；

1：50 比例模型，一个。

+1.200m 平面图

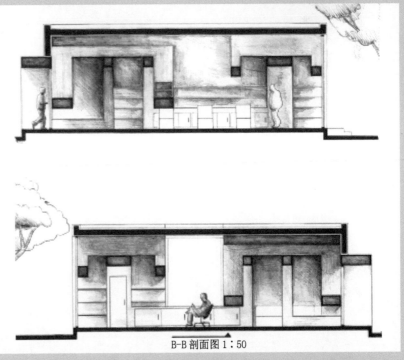

B-B 剖面图 1：50

阶段成果（宗衰月）

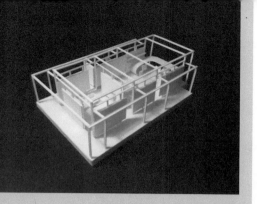

答辩成果一

建筑师工作室

姓名	刘博伦	学号	01114325
指导教师	张威		

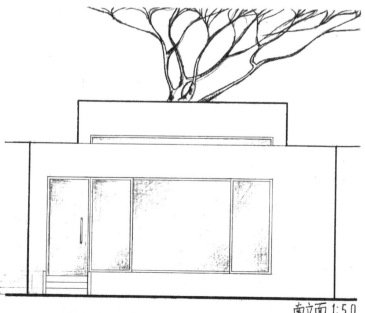

南立面 1:50

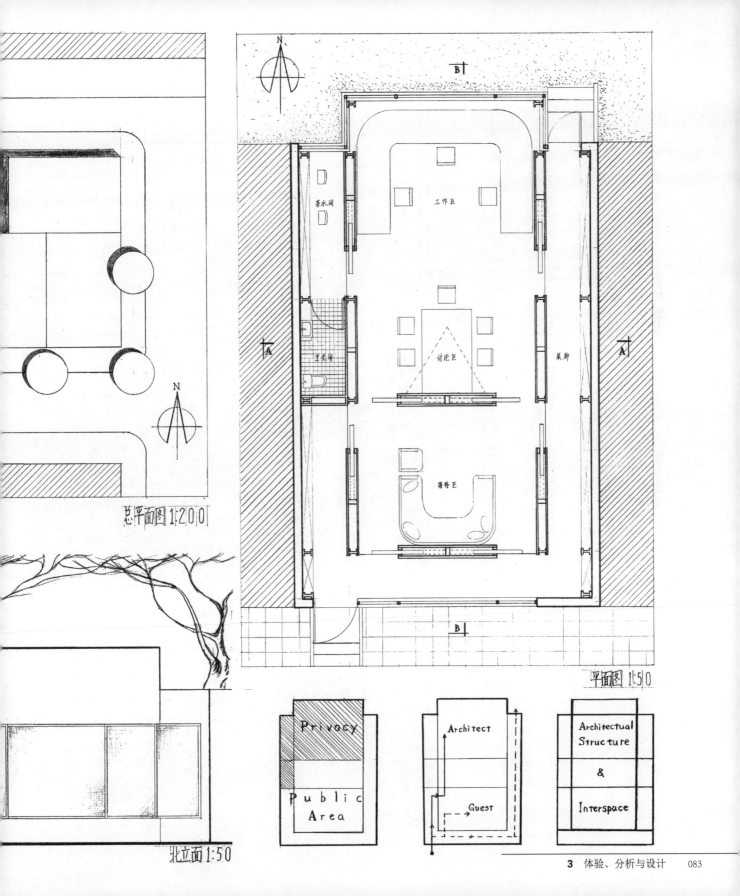

总平面图 1:200

北立面 1:50

平面图 1:50

茶水间

工作区

讨论区

接待区

卫生间

展廊

Privacy

Public Area

Architect

Guest

Architectual Structure & Interspace

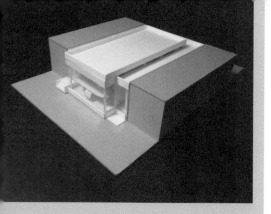

答辩成果二

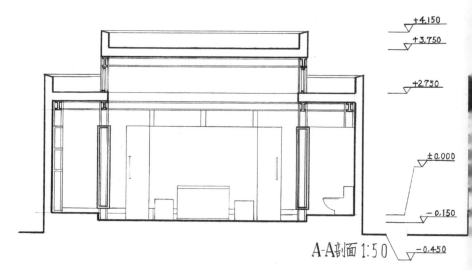

+4.150
+3.750
+2.750
±0.000
-0.150
-0.450

A-A剖面 1:50

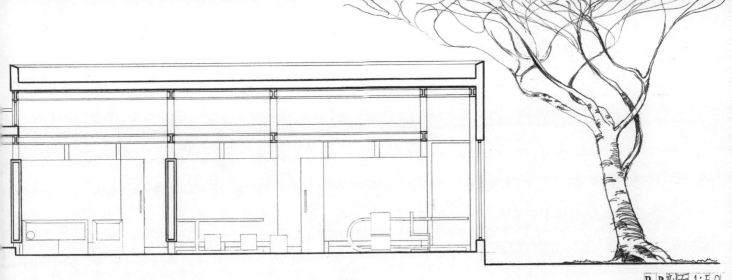

B-B剖面 1:50

空间透视

I 立方体
Cube

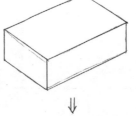

⇓

II 降低高度
Lower Height

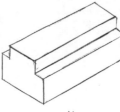

⇓

III 抽出体量
Take Out

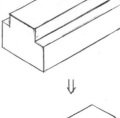

⇓

IV 填充
Padding

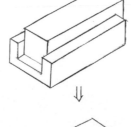

空间操作

工作区

展廊

答辩成果三

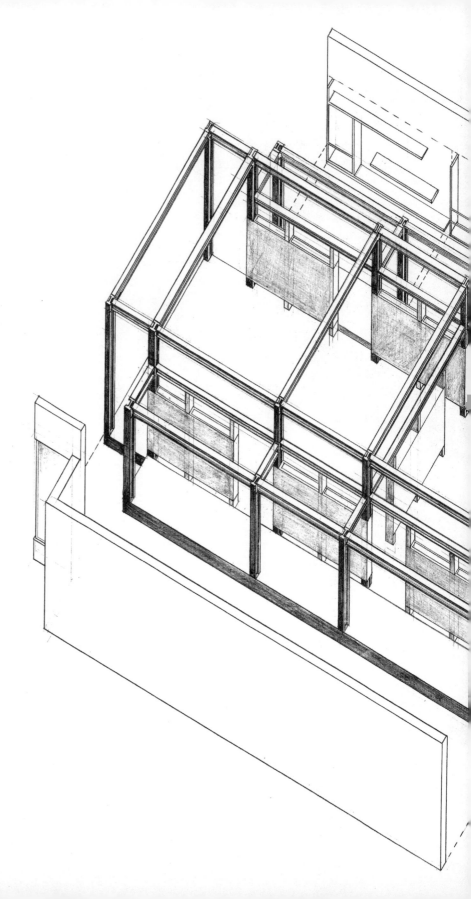

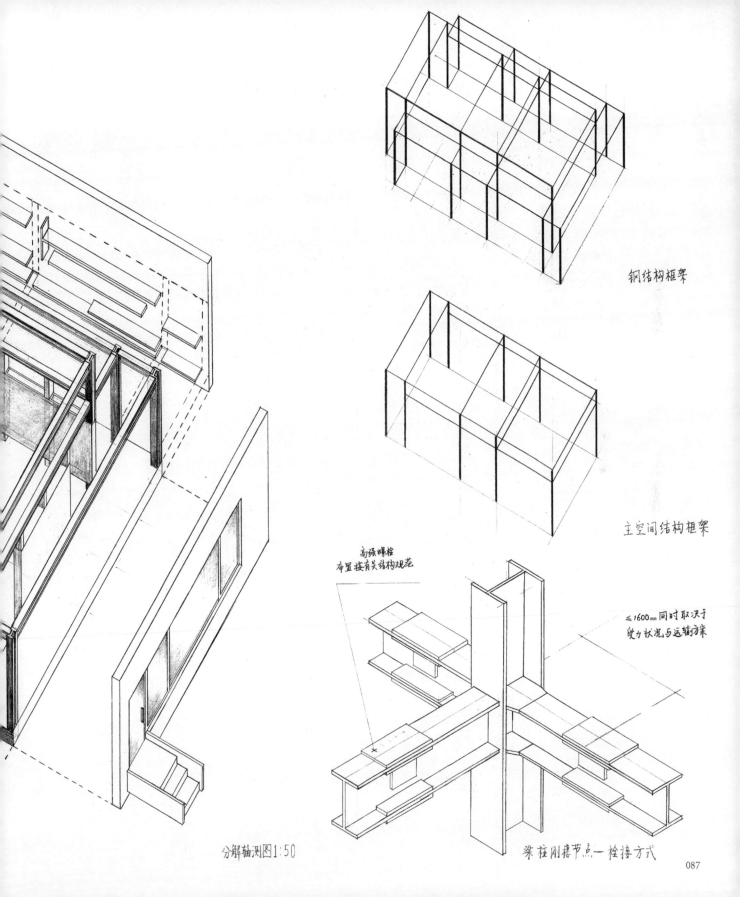

钢结构框架

主空间结构框架

高强螺栓
布置接有关结构规范

≤1600mm 同时取决于
受力状况与运输方案

分解轴测图1:50

梁柱刚接节点—栓接方式

绘图作为一种设计工具

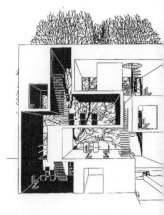

绘图是一种基本的设计工具和方法，其中手绘图便捷、高效，在设计过程中被广泛运用。对于初学者来说，绘图尤其是手绘图是一项重要的设计基本功，在此过程中，手、眼、脑协同工作，将眼睛所看到、头脑中所想象到的空间和形象用手绘方式表达出来。

图的类型

图的类型很多，绘制方法与表达的信息也不尽相同，常用的有以下方面：
· 参考图绘：抄绘、写生，积累设计经验和知识，为设计提供思路和帮助。
· 设计构思图：我们往往称之为设计草图，是最常用的设计工具之一，也最具个人风格。
· 示意图与分析图：用经过提炼、抽象的图表来分析和表达建筑的概念和系统结构（图3-a）。
· 投影图：用投影法绘制的二维图像来表达三维的物体，包括平面图、立面图和剖面图，可以准确表现建筑物的具体空间布局及形象。
· 三维图：包括轴测图和透视图，表达建筑物的三维形象，能够相对直观地表达建筑物及其空间的形象。
· 建筑施工图：精确表达建筑物的构成及各部分尺寸，全面表达建筑的建造信息（图3-b）。

以是否可以精确度量为标准，可以把图分为有具体尺寸，按比例绘制的图纸以及尺寸不明确但具有说明性、分析性、表现性的图绘两类。图纸是设计至实际建成建筑之间的载体，是设计师及工程技术人员之间进行沟通的工具和语言。施工图作为专业技术文件能够全面地传达设计和建造信息，施工人员通过对其加以解读，准确建造出设计师所设想的建筑物。而对于非专业人士（大部分业主、建筑使用者及普通大众）来说，概念图示、三维图、设计分析图（表）等图绘能够帮助他们了解建筑的形象，理解设计思路和内容。

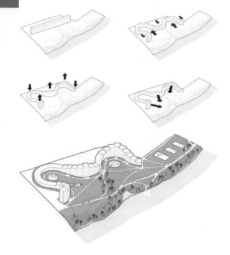

图3-a　竞赛作品 Puu-Bo 体量生成分析图
（BIG 建筑事务所设计）

图作为设计载体

建造未必需要"图"，在建筑图学并不发达的年代，语言、文字作为描

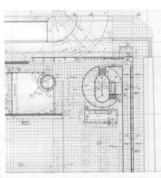

图 3-b 仙台媒体中心（伊东丰雄设计）

述设计的工具首先被采用，这样的方式在有些地方甚至延续至今。当时，建筑的设计者甚至施工者大多是建筑使用者本人，只有当建筑规模较大、较为复杂时才会邀请他人参与，此时的"建筑师"便是工匠的头目，负责建筑设计，也在施工现场指挥其他匠人共同完成建筑建造。这种就地规划、就地取材、就地建造的建筑生产方式即便在今天也很常见。在乡村，我们依然能看到大量没有"建筑师"参与、没有"图"作为设计辅助的建筑物。

　　建筑图学的发展成熟既以数学、几何学、透视学等科学发展为基础，也与建筑师这一独立身份的产生有关。这里所说的"建筑师身份"并非指"职业建筑师"，可以更简单地描述为"建筑设计者"（不再是建筑使用者和建造者）。这三个角色之间的交流必然要依赖于一种被普遍认可、规范的语言，即为建筑的图示语言。文艺复兴时期，规范的建筑图纸出现，由此开始，"图"成为设计的重要载体（图 3-c）。

图作为设计工具

　　在很多人的眼中，建筑师的主要工作就是"画图"，对于学生而言，重要的学习工作便是学会"画图"。在一定程度上，"画图"等同于"设计"。这一理解和中国建筑教育体系演变发展的历史相关。20 世纪，中国本土的建筑教育体系普遍移植自"布扎"体系，在"布扎"体系中，"图"一直是重要、高效的设计工具，而非简单的表达手段。可以说"布扎"体系并非简单关注风格和造型，其同样具有一套非常娴熟的空间组织方法。其局限性在于采用以"图"为核心的设计方法无法产生出更多的"类型"设计方案，如果接受"设计方法决定设计成果"这一逻辑，这便是再自然不过的事情了。

　　图作为记录、分析、构思和表达的工具，能够触及设计范畴中的各个层面，并且在设计的各阶段具有不同作用。设计图不仅是工程性的精确说明，也可以对设计意图加以表达（图 3-d）。可见，绘图不仅记录设计师已然形成的空间构想，也是设计师进行设计思考、整理、探索和研究的过程。可以说，图在整个设计进程中具有研究性。

　　在建筑学领域中，城市规划、建筑设计、景观设计具有不同的设计范畴和空间尺度，对于这些不同的设计项目来说，所需绘制的图纸内容、比例、深度都是不同的，亦即各类设计的思考和研究均具有差异。

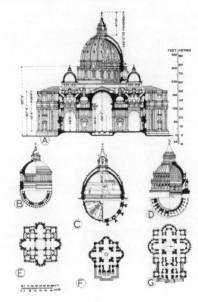

图 3-c 圣彼得大教堂

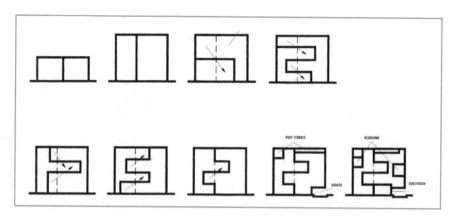

图 3-d　乌得勒支双室（Double House in Utrecht）（MVRDV 建筑设计事务所设计）

　　绘制各类图纸不仅是建筑师熟练掌握的工作方式，更会逐渐成为他们思考问题的一种方式。每种图对应不同的信息表达，可以进行信息综合、分析梳理、图示分解及图形处理。通常以绘图为主要工具的设计过程表现为图解、分析、设计、表达等内容相互交织、反复印证的连续过程。由于建筑图纸本身具有整体性和系统性，因此作图的过程也会促进设计的严密和周全。

　　在各类图纸中，徒手草图是设计师常采用的设计工具，运用这种方式可以几乎同步地表达调研、分析、思考、想象的结果，并呈现出解决方案的视觉效果（图 3-e、图 3-f）。在构思创意和快速精达方面，草图的作用是电脑绘图所不可企及的。建筑设计草图可以说是以最快的速度、最简单的工具、最省略的笔触将闪现于脑际的灵感具象地反映于图面。很多建筑师都有随时画草图的习惯，草图往往不大，有助于他们从整体上把握设计，有时线条被反复涂抹类似涂鸦，然而这一过程可以将脑中闪现的意念转化为可见的图形，并通过眼、大脑及手的共同作用，与草图之间形成"对话"——图形与大脑的思考在相互影响，并逐渐使概念清晰，呈现为具体的形式。

图 3-e　钟训正草图

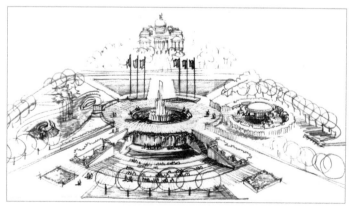

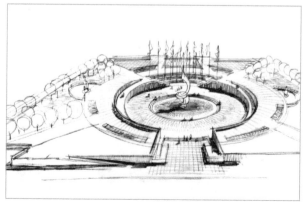

图作为设计目的

"图"也并非必然以建造为最终目标。作为学生而言，基本上学习生涯的所有设计都终止于"图"——学生的设计方案，极少可以建造，成为建筑物。故此，设计的目的在很大程度上也仅停留于"图"。

对东西方的传统建筑制图加以对比则可看到，西方的建筑制图对"图"本身的美感极为重视，中国古代的建筑制图则更关注建筑的建造过程（图3-g）。孙艳指出，"（中国古代建筑制图）追求的是建造过程的清楚表述，而不是西方古典建筑追求的美学价值或理性化再现世界的观念……前者力求各个建筑构件的位置表达准确，并非各部分在图面上构图比例的和谐统一，而后者恰恰是西方古典建筑所刻意追求的……相对而言，中国古代的建筑制图一直都是为了建造这个最终目的，从而使建筑保持一种源自于材料和建造技艺的真实美"[①]。

语言是文化和意义的重要载体，即便存在以上差异，无论是中国还是西方，"图"作为"建筑语言"直接参与构建建筑文化，同时也反过来影响建筑文化的发展，形成"文化的循环"。从这点来看，"图"更接近于霍尔的"表征"概念，其意义绝不仅在于"客观"地表达设计，在一定程度上，"图"就是设计的目的之一。

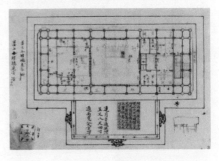

图 3-g　"样式雷"：避暑山庄烟雨楼地盘样准底

图片来源
图 3-a 源自：BIG建筑事务所官网.
图 3-b 源自：El Croquis 71 Toyo Ito 1986—1995.
图 3-c 源自：http://www.pinterest.com.
图 3-d 源自：http: www.archidialog.com.
图 3-e、图 3-f 源自：钟训正院士、齐康院士提供.
图 3-g 源自：中国国家图书馆藏.

注释
① 孙艳. 从"图"说起——浅析古代中西方建筑绘图观念的差异[J]. 南方建筑，2006, 110（6）：101-103.

图 3-f　齐康草图

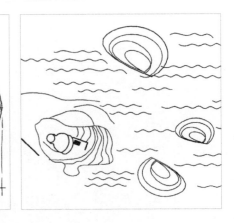

4 空间建筑

Spatial Architecture

引子：容积到空间

　　一听可乐，350mL、圆柱形。我们清楚地知道其容积的量和形，买一听可乐，多是为了饮用而非可乐罐。建筑容纳了我们的日常生活，如果将建筑物和日常容器（如可乐罐）加以类比，其内部容积——建筑空间则是建筑的根本目的；同样基于这一类比，量和形是建筑空间的关键要素。

　　然而，与日常容器相比，描述（设计）建筑空间却并不简单，区别在于：首先，我们有时在建筑空间之内，有时在建筑之外。当我们置身于建筑之内，很多情况下只能看到建筑空间的局部，对空间观察的视角也多非静止状态，这样一来，建筑空间的形就未必直观，或者某些建筑空间的形本就难以归纳。其次，建筑之内的容积，尚可用几何形体描述，那建筑之外——往往是我们生活的城市、社区和街道——是否也以同样的方式，理解为空间呢？我们该如何认识这些建筑之外的空间呢？建筑内外之间的关系又如何呢？同时，既然建筑空间的目的是容纳我们的身体及其行为、动作，我们自然可以将身体及其动作所需要的容积尺寸作为建筑空间量的参照，这便是人体尺度的概念。但建筑空间又往往远大于我们的身体和我们行动所需的最小空间，目的何在？另外，当我们身处特定建筑空间，除了空间的量和形，还有很多因素会影响我们对空间的体验：眼睛看到墙壁和地板的材质，窗口射入的光线；耳朵听到的音乐；鼻子闻到空气中蛋糕的味道……可见，仅从几何容积（量和形）的角度来感知（设计）建筑空间还不够，还需关注其他诸多要素，比如空间的材质、光线、声音，甚至历史和记忆。

4.1　建筑尺度

4.1.1　边界和"形"

　　1)"形"的产生和度量
　　将空间视为虚无，则并无"形"可言，将空间理解为容积则不然：容积的"形"直接由容器决定。基于此，我们可以对容积空间的"形"加以解读，也可以对其尺寸加以度量。在很多情况下，建筑亦如日常容器，由边界界定出空间：身处宿舍寝室，四壁、屋顶、地面共同构成一个六面体容器，其容积——寝室空间——也自然可归纳为六面体，并由此获得明确的几何尺寸。

　　从寝室门口向里张望，整个寝室一览无余，此时我们很容易将之归纳为一个具体的体积，而当我们身处一个建筑空间之内时，这种整体性感知却未必容易。作为建筑师，我们经常以鸟瞰视角来观察缩尺的建筑模型，

图 4.1　寝室——容器

此时我们很容易感知空间的"形"，然而作为空间内的观察者却未必如此，这与空间的大小相关。正如观察地球仪，大家都知道地球是个球体，但地球上生活的人们却很难感知到这一点（图4.1）。

在房间内，由于人们的视角所限，我们更容易感知到的不是整个空间的"形"，而是由垂直面和水平面构成的"凹角"。一般而言，当我们看到"凹角"的时候，我们多认为自己身处一个容积空间之"内"；与之对比，当我们看到容器"凸角"，则容易产生在空间之"外"的判断。当我们观察一个平面图形时也往往有类似的判断（图4.2）。

就容积空间而言，空间的"形"和尺寸是关键，而作为建筑空间，空间的方向性则同样重要。由于重力的存在，人们更可能在建筑空间的"底面"行动，空间的上下明确；基于人眼的视角，我们对空间的观察有前后之分。从这个层面来看，仅仅用容积的方式来描述空间是不够的。即便如此，对于建筑师而言，作为一种工具和方法，以几何学和容积空间的方式来理解建筑空间无疑是实用且必要的。

2）洞口和光

回到寝室的话题，如果将宿舍理解为一个容器，宿舍寝室的窗和门都可以理解为六面体边界上的洞口，以联系内外。此时，这一"内"空间便不再独自存在。事实上，这也是建筑空间必然的存在方式：始终与其他建筑空间或者外部空间相联系。

通过窗，自然光照进房间，新鲜的空气随风而入；而门则更多意味着人们进出空间的阀口。故此，我们可以将空间界面上的洞口从其功能目的加以归纳：采光、通风、通透、进出等。空间边界的某个洞口或承载某一特定功能，或同时满足多种功能要求，比如有的窗能够开启，能满足通风要求，有的窗则不能，仅以采光为目的。同样，这些洞口也多可通过简单方法加以调节、改变，如为窗户安装窗帘。

对于人类而言，感知空间大多基于视觉，而光又是视觉的基础。故此，有人将建筑艺术描述为空间中光的艺术。相比较而言，建筑师对自然光偏爱有加，这多是因为自然光随着时间、季节而变换，凸显了建筑空间的魅力。诺曼·福斯特说："自然光总是不停地变化着，这种光可使建筑具有特征，空间和光影互动，创造出戏剧性的效果。"路易斯·康（图4.3）甚至认为，"自然光是唯一能使建筑成为艺术的光"。

往往，自然光（图4.4、图4.5）来自空间界面上的洞口，洞口的大小、位置、朝向等要素均会对空间内光的特征产生影响，空间界面的厚度也会影响光的效果。在安藤忠雄设计的光之教堂中，墙壁上的洞口以十字架的形式出现，光线由此进入，与昏暗的室内环境形成鲜明的对比，正由此创造出神圣的空间气氛。

3）"形"的消解

再次以寝室为例，如前所述，寝室的空间容积可以解读为"六面体"。假如，我们将"六面体"的界面分别向不同方向移动，则"凹角"消失，空间的"形"也难再用立方体或者其他几何形体来描述。如果与有"形"

图4.2 "凹角"和"凸角"

图4.3 路易斯·康作品中的窗和光

图 4.4 朗香教堂室内

图 4.5 李子林住宅

的容积空间相比，这种空间的边界模糊，"内""外"含混，我们经常形象地称之为"流动空间"。简单来说，空间"形"的消解与空间边界的缺失、移位有关。

另外，前面谈到的空间感知多基于一个静止的视点、瞬间的时长，与摄影类似。然而，空间的观察主体——人——往往在空间中不停游走，以一个动态的视点来观察空间，必然与从静止视点对空间的观察存在巨大差异。同时，头脑对空间的感知是历时性的，并非瞬间形成。大脑将对空间的各种感知、判断进行叠加、综合，形成更加丰富的空间体验。柯林·罗在《透明性》一文中举例，在柯布西耶设计的迦太基别墅中，起居空间被感知为水平延伸，同时也向纵向延伸，这两种不同的空间感知在大脑中同时发生、彼此叠加，共同形成我们对这一空间的认知（图 4.6）。其他一些优秀的建筑作品（图 4.7）同样呈现出对建筑空间不确定性、含混性的表达。通过对不同建筑作品的体验和解读，我们可以了解建筑空间的多种可能，这也正是建筑艺术的魅力之所在。

需要注意的是，我们的空间认知不总是针对一个"完整"的空间，而是多针对其局部：空间领域（图 4.8）。空间领域往往并非由空间界面明确限定。在教室中，讲台微微高出地面，暗示出演讲者的空间领域被赋予优先的话语权。咖啡厅中的一组沙发、屋顶垂下的吊灯都可以或强或弱地在咖啡厅的空间内进一步界定出特定的领域。

相比由空间界面对空间的划分，这些要素对领域的界定更加含混，导致领域之间未必泾渭分明，甚至可以彼此叠加。相比容积作为空间感知的视角，空间领域往往构成了更为具体的空间体验（图 4.9、图 4.10）。

4.1.2 人和人体尺度

1）"尺度人"

建筑空间为人使用，人自然成为建筑空间的基本标尺，即人体为建筑空间提供了最为基本的尺度参照。即便不同个体的人的身体尺寸存在差异，我们依然可以依据一个大致的标准去度量空间尺度是否合理。柯布西耶在对建筑空间尺度进行研究的时候，便以一个虚拟的"尺度人"为依据。"尺

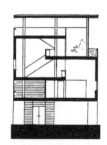

图 4.6 《透明性》中对迦太基别墅的分析

图 4.7 劳力士学习中心

度人"进行一系列动作所体现出的身体形态及相应尺寸，成为重要的设计依据。例如，公共楼梯的梯段宽度应满足两个人对向行走，则我们可以估算其最小净宽度应为两个人的肩宽，至少为1.1m；厨房灶台的高度一般为0.75m左右，我们切菜、烹调都会感觉比较舒适，这与我们站立时身体略微前倾的人体尺寸数据有关。以"尺度人"为参照，我们可以获取最为紧凑的建筑空间尺寸，然而这一尺寸未必是舒适或安全的，"尺度人"或者说人体尺度的意义在于提供了一个基础数值。

2）人体尺度到空间尺度

建筑的使用者多不局限于单个人，也许是一个家庭或是为公众服务，在考虑空间尺度的时候我们需要分析使用者的数量、频率和性质，并以人体尺度为计算基础来获取恰当的空间尺度。

以小学校为例，教学楼走廊的宽度要考虑下课铃响后大量学生同时走出教室，走廊瞬间人流量增大。《中小学校设计规范》中便规定"教学用房的内走道净宽度不应小于2.40m，单侧走道及外廊的净宽度不应小于1.80m"。同样，人的行为、动作也是重要的建筑尺度参照：为保证火灾发生时人们可以通过楼梯安全疏散到室外，房间到疏散楼梯的最大距离也有所规定，其依据便是火灾中逃生者的疏散速度。

在建筑空间中，很多空间的尺度并非直接由人的身体来决定，但其目的都是为了满足特定功能的要求。例如，体育场馆空间普遍较高，羽毛球场地的净高要达到9m才能满足羽毛球比赛的空间高度要求。

通过观察我们可以发现，对空间尺度产生影响的因素不仅为人体的几何尺寸，在明确的实用性需求以外，具体空间尺度的确定还与人的心理需求有关。一般而言，较为接近人体尺度的空间比较亲切，更大的空间尺度则显得公共、正式。面对亲切的家人、熟悉的同事或是陌生人，我们会对

图4.9 空间的强划分

图4.10 空间的弱划分

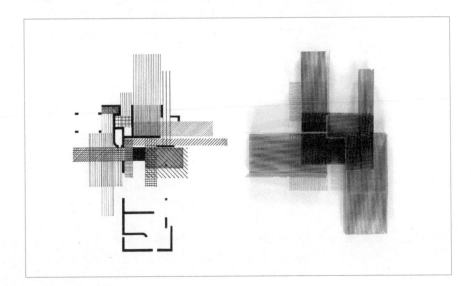

图4.8 领域分析参考

图 4.11　萨尔斯堡主教堂

图 4.12　法国巴黎奥赛博物馆

图 4.13　北方民居与南方民居

自己和他人之间的距离加以调节，这种距离调节是普遍且无意识的。建筑空间则要为这种调节提供可能，于是空间尺度往往较为紧凑的空间需求（人体尺度）被有所放大，以满足人们的心理需求，即符合"仪礼"的人和人之间的空间距离。

纪念性的空间尺度往往被进一步放大，如西方的教堂，其空间巨大、高耸（图 4.11），与之相比，人（信徒）的尺度非常渺小，垂直的建筑构件增加了空间的升腾感，体现出上帝的威严与神圣。此时的建筑空间是神的权力表征。宫殿、车站（图 4.12）等类型建筑同样如此，以超"人"的尺度作为精英阶层的权力象征。故此，可以说，恰当的空间尺度绝非一个具体不变的数值，而是要考虑各种具体情况并加以调节，于是对其做精准的把握尤为困难，这也恰恰体现出建筑学的艺术本质。

4.2　内与外

4.2.1　"内""外"空间的对立

1)"分"的原始目的及转化

人类最原始的建筑建造，其目的是形成一个安全舒适的建筑空间，以抵御建筑之外的疾风骤雨、野兽毒虫。建筑的核心目的是"内"，是对"外"（即自然）的防护和防卫。"内""外"之间的对立即为人和自然的对立，对建筑的这种理解代代相传且延续至今。

随着文明的发展，发生了以下两个改变：第一个改变是人类和自然的关系，对于茹毛饮血的原始人而言，自然总是危险、暴虐、令人敬畏的，而现代人对自然有了更多自信，甚至相信人可以征服自然。由此，人对自然的敬畏不断弱化，自然越来越成为欣赏的对象。第二个改变是城市和村庄的出现，即人类多为群居状态，单个的建筑之外往往并非原始人类面对的"自然"，对城市里的建筑而言，"外"多是社区或街道。建筑"内""外"间的关系更多地体现为"私人领域"和"公共领域"间的区分和对立。

2)"分"的维度

·气候边界维度：我们常常将气候边界作为划分空间"内""外"的界面。本书中的气候边界是指建筑空间可以进行内部微气候调节的物质边界。建筑空间的气候边界之内，是人造的微气候环境，我们可以对这样的空间环境加以调节。可以说，在严苛的自然环境中获取相对舒适、可调节的人居空间是原始建筑产生的基本动力。气候边界与气候环境直接相关，其目的是保温（如寒带地区）也可能是隔热（如热带沙漠地区）。同时，人们通过气候边界上的洞口对室内空间的微气候进一步加以调节。中国北方的传统民居建筑墙体厚重，开窗较小，南方地区则恰恰相反，这与民居所在的地域气候条件直接相关（图 4.13）。

•空间感知维度：前文以宿舍举例，作为容积空间，我们非常容易界定空间的"内""外"，即为容器之内外，这里无需赘述。候车亭（图 4.14），若以容器类比，则其边界界面并不完整：面向道路的侧界面缺失，但依然可以界定出空间，可以遮蔽风雨、日晒，这便涉及空间的限定度概念。空间的限定度越大，空间"内""外"的区隔越强，反之亦然。当空间界面缺失，空间的限定度便相应减小，直至消失。同时，我们对空间限定度的感知还与空间界面的完型程度相关。当空间界面之间存在较强的完型关系，即便空间界面有部分缺失，依然可以产生相对较大的空间限定度（图 4.15）。

图 4.14 候车亭

4.2.2 "内""外"空间的融合

1)"合"的可能

用砖石建造房屋，砖石墙体既是建筑的结构支撑也是建筑的外墙。为保证建筑稳固，墙体上不能随意开窗开门，导致建筑的"内""外"区分明确。用木材建造房屋，木柱、木梁构成了建筑的主要结构框架，建筑主要的围护并无结构目的，有或无均不会影响建筑的稳固，建筑外界面的开敞或封闭相对自由。通过简单的对比可见，建筑的技术手段对建筑"内""外"关系的影响巨大。柯布西耶于 1914 年构思的"多米诺系统"（Domino），用钢筋混凝土柱承重，取消了承重墙，基于此，建筑的内外墙体处理可以更加自由，为建筑"内""外"空间的交融提供了可能。

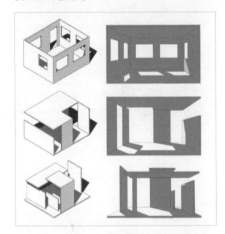

图 4.15 空间限定逐渐消失

2)"合"的目的

事实上，建筑的"内"和"外"之间并非总是对立的关系。建筑的内部空间需要来自建筑外部自然的通风和光照。在人类尚不能依赖电灯采光、空调通风的时代，建筑的尺度往往与自然通风、采光等因素有关，这在居住建筑中体现得尤为明显。就现代的建筑技术而言，用电灯解决照明，以机械通风提供清新空气并不困难，然而我们却发现，人们难以抑制向窗外瞭望的渴望：人们不能忍受久居于一个没有窗的房间；咖啡厅临街靠窗的座位最先坐满；诗人吟唱"我有一所房子，面朝大海，春暖花开"。可见，建筑之"外"对于我们绝非自然通风、采光这么简单。打破空间"内"和"外"对立的动力既来自于人们对自然的审美渴望，也来自于人类强烈的社会属性——一种与他人交往并形成共同体的期望（图 4.16）。

3)"合"的方式

欧洲的中世纪城市（图 4.17）多以教堂为地标，教堂前的广场是城市最为重要的公共空间。广场四周的建筑界面是连续的拱廊，作为广场和建筑内部之间的过渡，体现出"公共—半公共—私密"的空间层次，这一空间层次和空间"外—内外之间—内"的序列对应。这可以代表一种空间"内""外"对立关系的消解类型，即通过过渡（递进）的方式来增加内外空间之间的层次。欧洲历史名城的住宅也多类似：城市普通百姓的住房多是按"街道—院子—住宅"的层次递进，王绅贵族则是"乡村—庄园—城堡"的过渡关系（图 4.18）。

图 4.16 柯布西耶的母亲之家

图 4.17　捷克利托米索的广场

图 4.18　法国的舍农索城堡

图 4.19　南京的甘熙故居

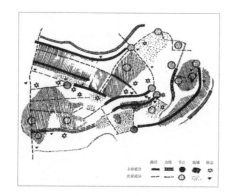

图 4.20　波士顿的"心智地图"

另外一种空间"内""外"对立关系的消解方式则更为有趣：位于南京熙南里的南捕厅（甘熙故居）是南京现存最完整、规模最大的明清民居建筑群。整个南捕厅的宅院被连续、封闭的高墙围合，与城市之间只依赖于几个小门联系。在南捕厅，人们多在一个个大小不等的"院子"当中游走，"院子"四周或是房间或是围墙。南捕厅作为典型的中国传统民居建筑群，体现出对"内""外"空间关系的双重态度（图4.19）。该建筑群的院墙高耸封闭，其外的城市环境和高墙之内严格隔离；高墙内则是另一种准则："院子"于高墙之内、房间之外，是建筑群的中心空间。建筑外墙则是大面积的门窗，几乎完整地向"院子"敞开。简单地加以总结，这种典型的中国传统院落式民居首先体现出严格的"内""外"区隔，而在"内"（院墙之内）又呈现出截然相反的态度。由此可见，空间的"内"与"外"在不同尺度下存在转化的可能：在中国传统院落式民居中，建筑之"外"的院落，是家庭生活的中心空间，从城市尺度来观察这些院落，则为家庭的内部空间，在这一尺度上，"内"与"外"的区隔则体现为家庭与社会之间的对立关系。

4.3　城市尺度

有这样一种理解：城市即为放大的建筑。在城市中，建筑物作为实体限定出城市空间，正如建筑中的墙体、楼板限定出建筑空间。城市空间同样容纳了我们的身体行为——行走、交往、休憩。

4.3.1　城市、街区和街道

1）"心智地图"的建立

建筑物处于特定环境之中，对建筑（设计）的评价在很大程度上是基于建筑是否与周边环境有着良好关系。对于建筑师而言，敏锐地感知城市区域的特征非常重要。事实上，城市中的每一个人都会对所在城市建立自我的感知系统。

大学新生和宿舍舍友的对话往往从"家乡"开始：大家来自天南海北，大都市或小县城，口音也是南腔北调。对于他们而言，这个城市是陌生的，处处新鲜，出去走走也经常迷路，常借助地图。在这个城市中学习、生活数年，同学们已经成了半个当地人，习惯了当地的饮食，还能说几句地道的方言。对于"异乡者"——一位大学新生而言，城市展现出纷繁的信息，他们往往从自己的视角对城市进行观察、感知，提出新鲜的观点；而当我们在一座城市中生活数十年，却往往难以从"习以为常"的生活中有所发现。

入学数年后，这些同学对城市更加熟悉，在城市中游走再也不担心迷路，因为他们在大脑中已经建立起个人的地图系统——"心智地图"。凯文·林奇（Kevin Lynch）在其论著《城市的印象》中将西方城市归纳为道路（Path）、边缘（Edge）、地域（District）、节点（Node）和标志（Landmark）五大组成因素。他认为人们正是通过这五大因素去感知城市的，这些因素共同构成了我们的"心智地图"（图4.20）。

2）缩放镜头（Zoom in & Zoom out），城市尺度层级和肌理

为了更加高效地建立对城市的认知，我们往往借助于其他工具，最常用的便包括地图。不同比例的地图即意味着地图范围的差异，也体现了观察距离的不同。谷歌地球（Google Earth）是非常高效的电子地图工具，借助于此我们可以在不同距离观察城市。不断缩放电子地图我们可以发现，在不同比例上地图呈现出的信息也不同：在城市尺度上，地图展示了城市的重要道路、建成区域、山体、水体等；当镜头接近至街区尺度，则展示出更多细节，包括建筑群体和道路网络；再接近一个层级，可以看到每一座建筑物的体量，甚至地面材料、绿化植被等（图4.21）。

可见，对不同尺度层级的城市区域进行观察，其重点也有所差异，对于城市或街区尺度，我们往往关注其宏观特征：一个较大城市区域内建筑群体的整体形态，或是这一区域城市空间的组织结构，我们称之为城市"肌理"。在对城市"肌理"加以研究时，建筑的细节及其内部空间无需关注。单个建筑也仅作为组群中的一员，呈现出整体特征（图4.22）。

3）城市的时间维度

对于城市呈现出的空间特征，我们往往需要从时间维度加以理解。城市空间的形成多非一蹴而就，各个历史时期均留下其烙印，各个时期的痕迹彼此层叠，形成了丰富多彩的城市环境和记忆。不同时代的城市也在其外部空间尺度留下鲜明的特征。南京的老城区指南京明城墙以内的区域，奥体新城则为南京典型的新城区，新老城区在城市"肌理"上呈现出鲜明的差异：老城区建筑密度高、城市空间紧凑、路网密集且不规整；新城区则建筑密度低、城市空间松散、道路宽阔规整。南京老城区的城市"肌理"是经由漫长的历史叠加形成，新城区则在最近十余年内迅速建成。单就一个相对较小的城市区域而言，同样如此：东南大学四牌楼校区便历经百年方呈现如今的形态。可见，对城市的解读不应忽视时间所带来的叠加效应，很多时候，只有我们将时间作为线索，将城市空间的表征层层剥离，才能理解城市如何呈现出此时的丰富性。这种城市发展历程的时代性差异也自然应该成为每一位城市建筑者所必须敏锐把握的整体基调。

4.3.2　公共领域和私人领域

1）归属感

东南大学的校园，即便普通市民可以进入，但也有其明确的归属。校园作为城市空间，其归属感的建立依赖于诸多要素：首先是围墙，明确界定出校园的边界、区分内外。这种领域的划分方式直接而明确。即便将围墙拆除，我们依然可以感受这一校园空间的归属，这是因为在一个相对集

图4.21　三个尺度上的南京城市地图

图4.22　捷克克鲁姆洛夫

图4.23　咖啡馆的外部空间

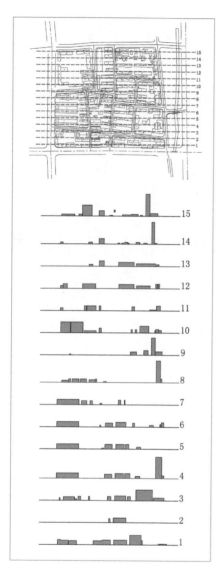

图 4.24 东南大学周边社区城市空间剖面分析

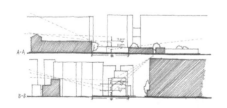

图 4.25 东南大学周边社区城市空间剖面分析

中的城市区域内聚集了相当数量的建筑物（教学楼、图书馆等），这些建筑物彼此相关，具有某些共同属性或特征。

归属感的建立并非仅基于城市物质环境的限定（围墙或建筑）：老城区的居住社区很多并没有围墙，小区内的老邻居彼此相识多年，这些邻里在楼前楼后的活动场地嘘寒问暖。当一个陌生人进入这一社区，立刻会引来关注。这种邻里空间的归属感并非通过围墙建立，而是基于共同的社会认知，这种社会认知的边界或清晰或含混，但总能在不同程度上界定出城市领域的空间归属，正如种族、宗教等因素在有些城市中可以界定出清晰的边界和归属。

2）公共领域—私人领域

通过对一个城市空间归属感的判断，我们可以将城市空间划分为公共领域和私人领域。街道或是城市广场，市民均可以使用，且这种使用不具有排他性，这种类型的城市空间我们可以称之为公共领域。与之相对应，校园空间或社区内部的空间对于"他人"存在一定程度的排斥性，这种领域可以称之为私人领域。

事实上，公共领域和私人领域的界限是相对的。小广场周边的咖啡馆，在店外摆上桌椅和阳伞，这一领域既属于广场，也属于咖啡馆，既是公共领域，也是私人领域。相比广场的空地而言，其归属感更强。当人们走进咖啡馆（建筑）则进入和城市空间相比更加私人的领域——建筑空间（图4.23）。对于居住环境而言，习以为常的空间领域的递进关系便是如此：公共领域（街道）—半私人领域（院子）—私人领域（房子）。

3）城市空间的尺度和限定度

与建筑空间相似，城市空间同样可以以"人"作为参照对其尺度加以判断。正如前文所述，私密的空间尺度较小，较接近人体尺度；公共的空间尺度较大，远大于人体尺度。我们可以对城市空间进行剖切，将限定空间的建筑界面理解为空间边界，分析城市空间的尺度关系（图4.24、图4.25）。另外，限定街道的要素并非仅有建筑，整齐的行道树同样可以界定出街道空间。

相比建筑空间，城市空间的尺度往往更大：3m 宽的走廊和 3m 宽的街巷也许会给我们完全相反的感受，前者显得宽敞，后者显得狭窄。就此，芦原义信提出了一系列参考数据，他认为外部空间可以采用内部空间 8—10 倍的尺度，外部空间的宽度和周边建筑高度的比值在 1.5—2.0 时空间的限定度较佳。基于人们视觉的辨识能力，外部空间应以 20—25m 为尺度模式[①]。这种以城市剖面为研究媒介获取到的数据并不全面，我们在城市中行走，视点是动态的，体现出城市空间感知在时间维度上的连续性，与之相对，城市剖面则是片段性的。就街巷空间而言，如果街巷不是很长，即便街巷空间的宽度与高度比更小（威尼斯的步行街巷，宽度与高度比很多在 0.5 以下），我们在相对较短的时间内通过这一街巷到达放大的空间（如一个小广场），则整体的空间感受也未必压抑。此时，基于连续视点进行城市空间研究的方法就更为有效，戈登·卡伦最早在《简明城镇景观设计》一书介绍了"序列视景"的分析技术，这一研究方法可作为城市剖面的重要补充[②]（图4.26）。

图 4.26 连续视角分析

注释
① 芦原义信. 外部空间的设计 [M]. 尹培桐，译. 北京：中国建筑工业出版社，1985.
② 戈登·卡伦. 简明城镇景观设计 [M]. 王珏，译. 北京：中国建筑工业出版社，2009.

图片来源
图 4.1、图 4.2 源自：齐文举绘.
图 4.3 源自：戴维·B. 布朗宁，戴维·G. 德·龙. 路易斯·I. 康：在建筑的王国中 [M]. 马琴，译. 北京：中国建筑工业出版社，2004.
图 4.4 源自：W. 博奥席耶. 柯布西耶全集（第6卷）：1952—1957年 [M]. 牛燕芳，程超，译. 北京：中国建筑工业出版社，2005.
图 4.5 源自：EL044 El Croquis 121+122.
图 4.6 源自：柯林·罗，罗伯特·斯拉茨基. 透明性 [M]. 金秋野，王又佳，译. 北京：中国建筑工业出版社，2008：73.
图 4.7 源自：EL044 El Croquis 121+122.
图 4.8 源自：Marc Angelil, Dirk Hebel. Designing Architecture [M]. Basel, Swiss:Birkhauser, 2008.

图 4.9、图 4.10 源自：齐文举绘.
图 4.11、图 4.12 源自：张嵩摄.
图 4.13 源自：http://www.flickr.com.
图 4.14 源自：张嵩摄.
图 4.15 源自：齐文举绘.
图 4.16 源自：http://blog.sina.com.cn/s/blog_4c628b660100yj7v.html.
图 4.17、图 4.18 源自：张嵩摄.
图 4.19 源自：http://bbs.house365.com/showthread.php?threadid=4723401&forumid=1852&postid=42839171.
图 4.20 源自：凯文·林奇. 城市的印象 [M]. 项秉仁，译，北京：中国建筑工业出版社，1990.
图 4.21 源自：http://map.baidu.com/.
图 4.22、图 4.23 源自：张嵩摄.
图 4.24、图 4.25 源自：齐文举绘.
图 4.26 源自：戈登·卡伦. 简明城镇景观设计 [M]. 王珏，译. 北京：中国建筑工业出版社，2009.

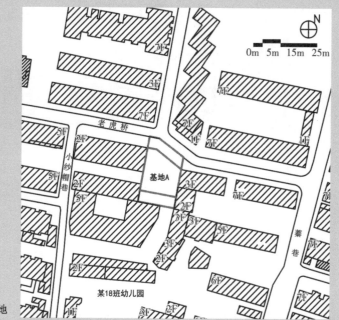

设计场地

场地照片

活动中心设计
从城市到建筑

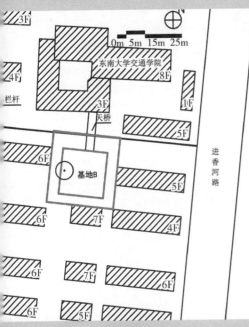

本练习在调研城市空间的基础上研究设计场地的城市环境，首先通过建筑体量操作、外部环境设计，形成新建建筑与周边环境的协调关系，创造有质量的建筑外部环境；然后结合建筑使用、空间、结构、材料和构造等要求，完成小型社区／师生活动中心的初步设计。

A 地块位于东南大学四牌楼校区南门外道路拐角处，将其设计建造为为东南大学师生服务的小型活动中心；B 地块位于蓁巷老虎桥三岔路口，将其设计建造为为附近居民服务的小型活动中心。

建筑需要提供以下功能空间：

活动室：共 60m²，2 间，考虑棋牌、戏曲、舞蹈、健身等活动。

办公室：每间 15—20m²，1—2 间，为管理、办公用房。

储藏间、卫生间：根据具体情况确定。

茶室：30—60m²，提供茶水饮料，是社区居民交流的场所，包含一个 6m² 左右的操作区，为茶室顾客制作饮品。

另需考虑提供一定面积的展览区域或墙面，以举办小型展览，展示文体活动作品。还可根据城市调研的成果增加一个自定义的功能空间，面积不大于 40m²。

建筑层高为 1.2m 的整数倍，楼梯梯段宽度不小于 1.1m。

城市观察：肌理和空间

工作任务：

从城市空间要素（建筑、围墙、道路、植被、设施等）入手来观察与理解城市空间，特别注意观察"院落""街道"和"广场"等不同类型的城市空间，研究拟建建筑用地所处的场所环境。

工作方法：

在学校周边选择一个街区进行调研，对目标街区进行观察和记录，掌握现场调研的技巧，理解诸多城市空间要素对城市空间质量的影响。

对活动中心所在环境进行现场调研（踏勘、速写、拍照等）。

根据工作图对所选场地进行图示分析，内容包括：图底关系、建筑高度、交通可达性等。

依据教师提供的设计用地图纸资料制作两个基地的环境模型。

依据教师提供的设计用地图纸资料制作 SketchUp 模型，并进行三维形态动态观察，生成该场所的若干剖面。

成果要求：

总平面工作图，铅笔徒手现场绘制，比例为 1∶300，A3 图幅，将速写和照片拍摄的地点、周边建筑层数、其他周边环境影响因素等信息标注在工作图上。

场地现状透视速写或照片（四张以上）人眼视点，。

场地环境分析图，A3 图幅，包含两至四个分析内容。

基地环境模型，小组完成，1∶100 和 1∶200 比例各一个。

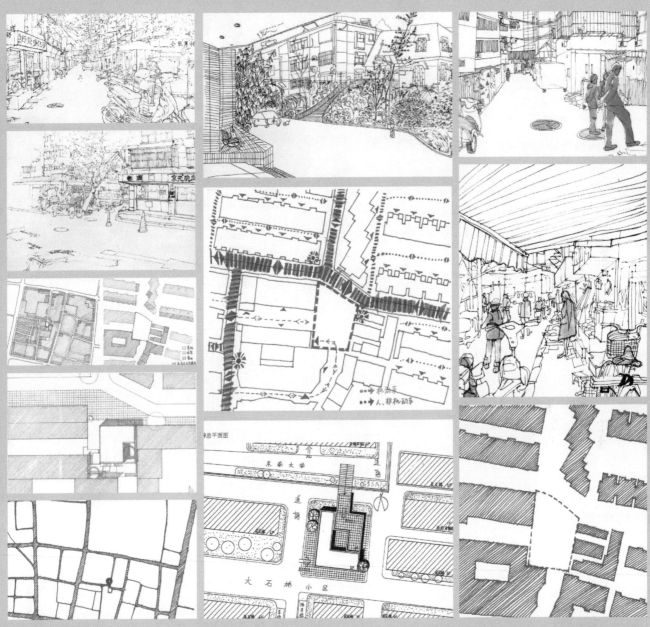

阶段成果：学生作业（刘子彧、高晏如、管菲等）

体量操作：既有环境中的建筑体量添加

工作任务：

在设计用地中添加新建建筑体量。对建筑体量进行切削、变形等操作，尝试达成以下两个目标：（1）限定出高质量的建筑外部空间；（2）新建建筑和周边建筑形成较为协调的体量关系。完成建筑布局和体量处理后，对总平面进行深化设计，划分软硬质地面，添加乔木，形成积极的室外活动场所。

工作方法：

在用地范围内建立以 3.6m 或 1.2m 为单元的网格。

依据网格在用地中添加建筑体量，初始建筑体量有两种选择：7.2m×14.4m×10.8m 和 10.8m×14.4m×7.2m。

对建筑体量进行必要且次数尽量少的处理，如切削、旋转、平移等。体量处理必须依据 1.2m×1.2m 的网格进行。

对场地进行软硬质地面划分，其中硬质地面作为室外活动空间。

完成总平面图，需要表达建筑体量和软硬质地面划分。

成果要求：

建筑布局和体量处理方案，比例为 1：200，放置在基地模型中观察；

选取其中一个方案绘制较为深入的总平面图，铅笔尺规作图，比例为 1：200；

对成果 1 进行拍照，与真实环境照片进行拼贴，添加尺度正确的人，体验建筑在环境中的尺度，A3 图幅，与成果 2 共同构成 A2 图纸一张。

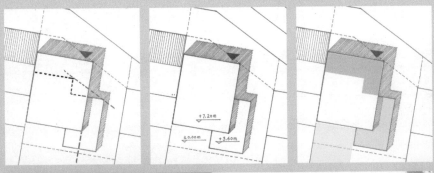

阶段成果（刘子彧）

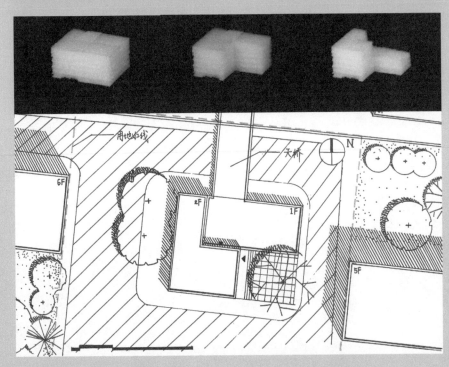

阶段成果：学生作业

功能配置

工作任务：

分析各功能空间的关系，绘制"泡泡图"。

研究建筑各个功能的位置布局，将各个功能空间布置于上阶段成果（建筑体块）中，形成功能空间布局模型。

结合功能配置研究，对上阶段建筑体块进行适当调整。

工作方法：

分析任务书所给定的建筑功能，研究不同功能空间之间的相互关系。

分析建筑所在的外部环境，从公共私密、采光通风、景观视线、建筑出入口关系等角度调整"泡泡图"中各个功能空间的位置关系，在维持前一阶段建筑体量操作目标的前提下对建筑体量进行相应调整。

将建筑按照 3.6m 一层加以初步划分，在此基础上绘制出各层的建筑平面轮廓图。

根据各个功能空间的面积将其绘制成一系列方块，以这些方块的大小为参考，在平面轮廓图中布置各个功能空间。

在剖面图上将前一步骤得到的功能空间分布关系加以排布，调整各个空间的高度，协调上下层之间的高度关系。利用草图反复进行步骤四和步骤五，协调平面与剖面的空间布局关系，得到理想的功能空间布局。

分析不同功能空间的性质，从服务与被服务、公共与私密、闹与静等角度将不同空间赋予不同颜色，用彩色卡纸、透明胶片、马克笔、彩铅等工具完成功能分析图。通过此步骤，重新思考功能空间布局关系，进一步深化功能空间布局。

将设计成果转化为体量模型，不同功能空间分别用独立的体块代表。观察模型，对功能空间布局进行进一步的调整。

成果要求：

功能关系图：徒手铅笔绘制；表达建筑功能空间之间的相互关系及外部环境的影响因素；一两张，A5 大小左右。

单线功能空间布局图：徒手铅笔绘制；包括彼此对应的平面图纸和剖面图纸，比例为 1∶200，数稿（各稿分别记录重要的设计发展过程）。

功能分析图：拼贴或徒手绘制，一两组，比例为 1∶200。

体量模型：用透明材料制作建筑体量外轮廓，泡沫块填充，比例为 1∶200 或 1∶100。

将以上图纸及多幅模型照片整理后排布于工作手册。

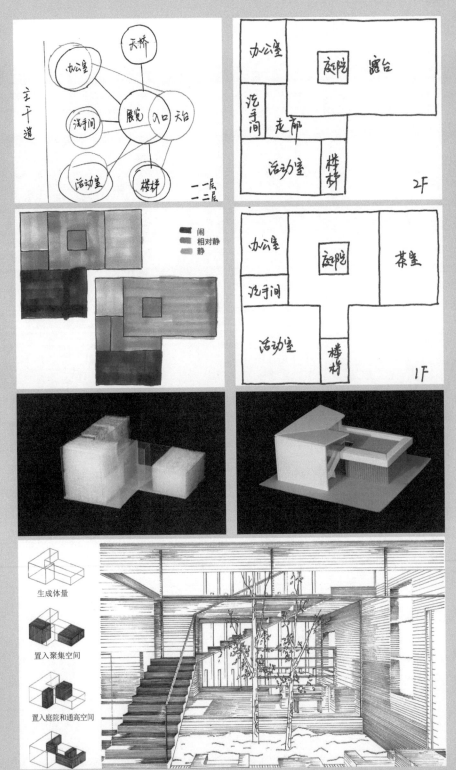

阶段成果（江雨蓉）

空间概念和气候边界

工作任务：

采用某种类型（板片、体块、杆件）的模型材料，将前一阶段的功能配置方案发展为具备特定空间特征的空间概念模型。

为这一模型添加气候边界，并通过调整气候边界位置来进一步强化空间概念、完善建筑功能。

工作方法：

以一种类型（板片、体块、杆件）的模型材料为主，依据功能配置成果制作空间概念模型，在维持原有功能关系的同时发展出空间概念，创造有特定品质的空间，这一过程可以结合空间组织和空间操作研究成果并加以发展。

进行不同尝试，制作三个不同的空间概念模型，比例为1∶200或1∶100。

对空间概念模型中各个功能空间的位置、高度和相互关系进行适当调整，实现空间概念和功能配置的良好匹配。

选取一个空间概念方案进一步发展，制作设计方案模型，比例为1∶100。

为其添加气候边界，明确划分建筑的室内、室外空间；尝试不同的气候边界添加位置，深化方案设计。

对方案模型进行观察，可通过 SketchUp 模型和手工模型来体验使用者的空间感受，截取使用者在空间中行进过程的系列空间透视（模型照片或 SkechUp 导出图片），选取最具典型特征的空间并绘制空间透视图。

成果要求：

空间概念模型：不少于三个，比例为1∶200或1∶100。

设计方案模型：能够解释设计发展过程，数量不限，比例为1∶100。

以上模型采用轴测角度照片，系列空间透视照片或截图排版，完成工作手册。

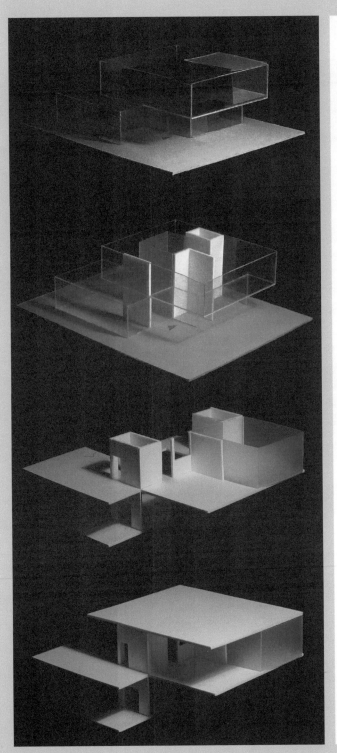

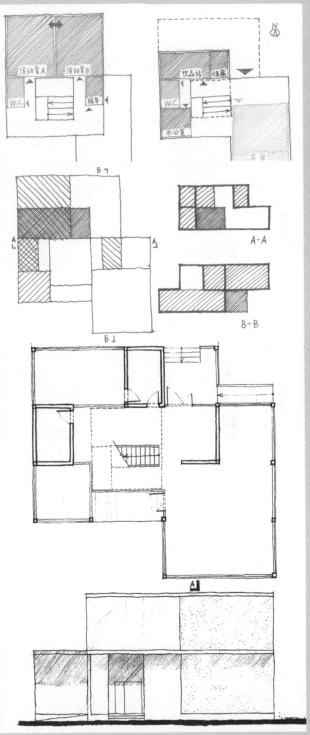

阶段成果（刘子彧）

计算机辅助设计

计算机辅助设计的应用

利用计算机及相关软件，可以在设计与表现等方面辅助我们的工作。我们可以使用计算机来参与设计的每一阶段——概念生成、形态塑造、空间分析以及形式表现。计算机建模能够逼真地进行三维空间模拟，其建立模型的便捷性能够大大拓展建筑造型的可能性，帮助我们设计出复杂、精细甚至超乎想象的三维形态，甚至通过虚拟现实系统来帮助人们直接体会在空间中的感受。

同时，我们可以借助计算机强大的计算功能，科学理性地处理数据，对解决方案进行分析，如评估建筑物的声、光、热环境，满足严苛的日照计算，或是为复杂流线的排布提供多种可能。

利用计算机辅助设计可以极大地提高工作效率、速度和精确性，设计成果便于修改和完善，且可以和建筑建造过程直接衔接。例如，通过计算机制图，用 3D 打印机将复杂的建筑形体打印出来，或工厂按照计算机绘制的图纸数据直接生产出建筑构件。

徒手操作还是计算机辅助

用徒手（绘图、做模型）的方式进行设计与计算机辅助设计各有所长，大部分设计师都会兼用这两种设计工具。在绘图方面，可以用计算机软硬件对手绘图进行后期处理，或在计算机生成的图像上通过手绘加以进一步表现（图 4-a 至图 4-c）。将这二者相结合能够获得更为丰富的视觉效果和更强的表现力。手工制作实体模型的方式非常多样，对设计结果来说更具有开放性，并能够即时性、多角度地加以观察，电脑模型则便于修改，能精细地刻画细节并生成场景。而随着三维扫描和三维打印技术的发展，实体模型和计算机虚拟模型之间的转换也更为便捷。

然而我们需要警觉的是，计算机模拟出的模型空间有时看起来非常真实与完美，因而也压制了设计者对于空间的进一步构想。与之相比，徒手图，尤其是徒手草图虽然呈现为二维、不精确的形式，但因其能够涵盖分析、表现等方面且便于自由切换而蕴含了极大的开放性。

图 4-a　计算机结合手绘的平安大理双溪表现图

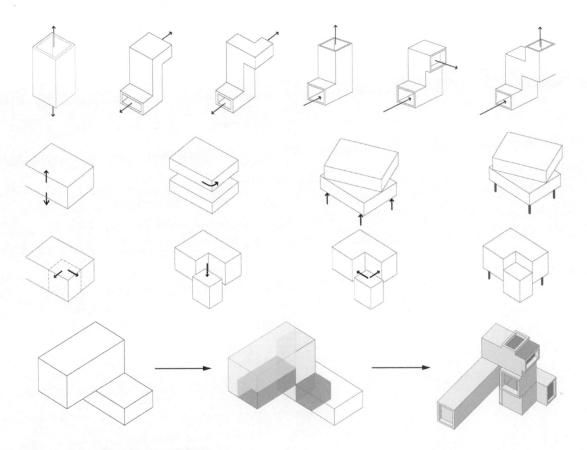

图 4-b　计算机绘图表达的设计发展过程

图 4-c　城市环境蒙太奇

图片来源

图 4-a 源自：http://www.aoweibang.com/
　view/30260160.

图 4-b、图 4-c 源自：东南大学学生作业.

5 物质建筑

Material Architecture

引子：几何性和物质性

空间有它的几何属性，就像我们日常接触的物件都有长宽高一样。但也正如这些日常物件都有其各自的材料——或木或石或钢，建筑空间亦然，它虽为负形，但由这些具体的材料所界定。20世纪初，现代绘画对于建筑的巨大影响，使得建筑空间的抽象性被从未有过地凸显，但是在这抽象的几何属性以外，空间的形成毕竟离不开支撑的结构，以及直接界定空间的那些具有特定材料属性的表面。事实上，几何性与物质性往往揭示了建筑问题的基本层面，前者抽象而理想，后者具体而善变。这些差异表现在包括场地在内的诸多建筑学主题，但首先在空间问题上有着典型的体现。

5.1 具体空间

所谓具体空间，是相对于上一章所讨论的抽象空间而言的。

虽然空间是由材料所界定，但是，对于材料究竟是以什么方式来形成和作用于空间，却会有不同的认识。当你把气球吹得老大，你会意识到，那些红红绿绿的胶皮通过包裹而形成了空间，拿一个针头扎破气球，胶皮因气压而来的结构作用将消失，空间也就不复存在，但是我们仍可以用钢丝编成先前的那个形状，而这些线性的构件依然可以形成空间！当然我们也意识到，它与之前被气球表面所包裹的空间已有很大的不同。把这一游戏更进一步：假如我们在钢丝网的外面再覆上气球的胶皮，那么对于里面形成的空间而言，又会有什么不同呢？以上这些，其实牵涉到结构和表面各自对于空间的形成有着什么作用。

5.1.1 结构和空间

建筑的问题，其实与我们小时候玩的这些游戏很有共通之处。那鼓起来的气球表面，既是建筑中的壳体，也可以是承重墙，它直接包围出了空间；泄了气的时候，它成为不再承重的与结构相分离的围护表皮，其依附的钢丝便是今天所谓的框架性结构了。

当我们采用线性结构构件时，常常会忽略其对空间的作用，因为它更多的是以一种暗示的方式来表明空间的领域，而不是像面性构件那样划定空间的边界。这集中地体现在杆件要素的空间意义上。

一棵树，站立在校园中，我们会感受到它的空间性。如果树冠像梧桐树那样发散，并且还很大，这种对领域的暗示就更为强烈。当草坪上只有一棵大树时，它的空间完全是发散性的，由中心向四周蔓延；当它是一排行道树时，沿路前行，你会感觉它们几乎形成了一道明确的界面，只是在这一界面上开了很多洞口而已；漫步树林，树有粗细，林有疏密，空间被不断地调节，形成具体的品质。

以树为例的比喻，其实便对应着建筑中柱以及柱所形成的空间的三种状态，可以用以下三个案例进行说明：

阿尔多·范·艾克所设计的孤儿院中的角柱，辅以地上划出的圆圈，暗示了一个以独立柱为中心的空间区域（图5.1）。

布鲁乃列斯基育婴院的柱廊，因其阵列而具有了部分面的属性。它几乎形成了边界的限定，并具有强烈的引导性，尤其是与这一阵列呈锐角的时候（图5.2）。

石上纯也设计的神奈川工科大学工房中的群柱（有一些"柱"事实上起到的是拉索的结构作用），以其粗细和形状的变化，尤其是在空间中分布的不均质性，对空间形成了微妙的调节（图5.3）。

于是，我们看到，与其他构件相比，柱在空间塑造上有着它的特殊性[①]。另一种常见的线性构件是梁，作为一种悬置在上空的水平构件，它与直立的身体之间的关系被弱化，难怪其空间性也就更容易被忽略了。然而，当我们看到传统民居中的梁架时（图5.4），自然会明白，它对于空间的影响可不是可有可无呢！即便不是斜屋顶导致的高梁架，经过用心设计的水平梁的空间性也并不一定就会减弱。在昆塔斯·米勒设计的阿劳市场大厅，置于中心的柱与向四面辐射的梁，甚至成了这个空间中的主导要素（图5.5）！

当然，你会说，在我们周围，常常根本都见不到梁了呢！确实如此，在空调通行的当代，许多建筑在天花处都以吊顶来掩盖，以便隐藏其中的设备管道，梁的空间性，甚至更广泛而言是结构的空间性，都被毁坏殆尽。

然而，除了一些特殊的建筑（如本书前面所列举的大清真寺等），当你置身一座建筑，帮助你直接认识到空间的尺度和边界的，往往不是这种线性的、杆件一般的结构，而是那些成片的面。譬如安藤忠雄所设计的小筱邸中连续的墙体（图5.6），或者是艾拉迪奥·迪埃斯特自宅覆盖在头顶上

图5.1　孤儿院（阿尔多·范·艾克设计）

图5.2　布鲁乃列斯基育婴院

图5.3　神奈川工科大学的工房

图5.4　云南沙溪马店客栈

图 5.5 阿劳市场大厅

图 5.6 小筱邸

图 5.7 艾拉迪奥·迪埃斯特（乌拉圭）自宅

的薄壳（图 5.7），这些同样也都是结构性的构件，不过是以整个面来承重，也因为这一特征，它们可以包裹住空间，从而表现出对空间的直接限定作用。今天在我们周围仍然大量存在的砖混结构便是典型。

5.1.2 表面和空间

类似小筱邸和艾拉迪奥·迪埃斯特自宅这样的建筑，在如今通常的建造方式下是很罕见的。单纯依靠结构构件，也很难完成对空间的限定并满足使用上的需求。于是，一方面增加填充性墙体以完成空间的划分，另一方面为着身体舒适的需要，往往还要再做一层饰面，这也是室内设计的一个重要内容。在许多人看来，正是这个与身体接触的、可以直接感知到的表面，真正形成和决定了空间，正如一百多年前奥地利建筑师路斯所言："对于（建筑）耐久性的要求，以及一些必要的建造上的考虑，常常需要一些与建筑的真正目的并不一致的材料……建筑师的根本任务在于创造一个温暖宜居的空间。毯子便是一种温暖而宜居的材料。由于这一原因，建筑师便决定在地面铺上一块，并在边上挂起四块，从而形成四面墙体[②]。"我们看到，这里所说的"面"，可以从两个层面来理解：一是整个墙体，或者说墙体的整个厚度，这就是我们通常所说的用墙体来限定空间（当它与结构框架相对时，我们也会形象地把这种墙体称为表皮）。但是仔细一想，墙体是用什么来限定空间的呢？或者说，为着空间限定这个功能，是什么定义了墙体，使得这个墙体差异于那个墙体呢？答案只能是与空间直接接触的那个墙体最外面的部分，这也是对于"面"的另一层理解。在考虑物质建筑，或者说空间的物质性时，更多是后一层意思[③]。

如果说上一章所谓的抽象空间是由单一材料——常常是抽去了质感和颜色的白——形成，与此不同，这里讨论的是由那些有着具体质感、色彩、硬度的材料所限定出的空间，并且要看看这个空间和材料之间会有什么样的关系。

简单来说，首先是同一材料还是多重材料，这决定了空间是浑然一体还是相对分离；其次则是这些材料具体又是什么样的质感、色彩以及对光线的吸纳与反射程度等，它们更为具体地影响了空间氛围的塑造。

比方说，路斯的方式往往是根据房间的具体需求来决定其尺度，并在同一空间中使用单一而连续的材料，空间对身体的包裹感很强，但是不同的空间却又往往以不同的材料突出其具体性（图 5.8）；密斯的早期作品，其中尤以巴塞罗那德国馆为典型，则使用多重材料，由这些材料所定义的墙体或其他构件，通过保持相互之间的独立来形成空间领域的含糊性，并因为不同材料之间的相互关系而形成空间的多重性，从而制造了一种空间似乎在流动而不再封闭不再静止的感觉（图 5.9）；柯布西耶的早期作品则在总体单一材料（白色）的基础上会有一些微妙的颜色上的分别，空间在沿着那些曲线自由游走的同时，又会有一些重点或是焦点（图 5.10）。

以上所举的三个例子都是说材料的同一与多重对空间构成的影响，至

图 5.8　米勒宅　　　　　　　　　　图 5.9　巴塞罗那德国馆内景一

于材料的具体质感对空间的影响就更为微妙了，木、石、织物、粉刷以及它们不同的做法，都有细致的作用。这些材料对光线的不同反应，是不透明、半透明还是完全透明，它们又在多大程度上吸纳或者反射光线，也决定了我们对材料和空间的具体感知，在巴塞罗那德国馆的不同位置上，它们甚至有时会让你产生幻觉（图 5.11）。所有这些，有待于我们平时多多积累、慢慢体会，而只要你留心观察，在我们身边，有趣的例子其实也比比皆是。

5.1.3　光、结构、秩序

　　如巴塞罗那德国馆充分展示了的光，影响了我们对于材料和空间的感知，由此拓展开来，我们可以说正是因为有了光，才使得材料和空间成为可能。事实上，光不仅照亮空间，为材料赋予光辉，它还表现了结构，也因此而彰显了建筑的秩序。

图 5.10　拉·罗歇别墅

　　美国的著名建筑师路易斯·康就曾经说过："只有在与特定的结构体量的相互作用中，光的特质才能显现出来，这就是光的本质所在。"他还认为，"只有在自然光线的揭示下，结构构件的交接关系才能成为实实在在的结构品质（The Construction Probity）"（《建构文化研究——论 19 世纪和 20 世纪建筑中的建造诗学》第 229 页）。19 世纪伟大的法国建筑师维奥莱·勒·迪克和德国建筑师戈特弗里德·森佩尔，都把这种交接关系视为建构形式（Tectonic Form）的试金石。光，永远都是它们存在和呈现的前提。

　　这种承重意义上的结构，往往还塑造和规定着建筑本身的秩序。而这种秩序，也可以认为是建筑中另一种意义上的结构，即作为概念的结构，它处理和反映不同要素之间的关系。这也就是那些优秀建筑师异常关注结构的原因，虽然他们并非结构工程师。如果说在龙美术馆（图 5.12），两个意义上的结构在光的照耀下趋于统一的话，那么，在西班牙建筑师坎波·巴埃萨的一些作品里，概念性的结构有时则完全是空间上的关系，它甚至可以与承重意义上的结构几无关系，此时，要呈现这一意义上的"结构"，则

图 5.11　巴塞罗那德国馆内景二

图 5.12　龙美术馆

几乎是非依赖光不行了。因此也有人说，建筑就是设计如何让光在空间中穿行（图5.13）。这里，光不仅塑造了身处其中的体验，还帮助呈现了空间的"结构"以及建筑的秩序。

5.2　实体

空间要真正能够从抽象走向具体，还有很多物质性的问题需要解决，即建筑的实体部分如何能够搭建起这个空间。人们常常把这些称作结构与构造问题。固然，这些首先是技术性问题，但也并不尽然。它们一方面需要实实在在地面对具体的材料和环境条件，寻求解决办法；另一方面也不可避免地涉及一些观念性的层面，诸如真实性等。所谓"建构"的概念，大约是这些观念性问题中最重要也最有效的讨论方式了。

5.2.1　结构与围护

人们在面对建造问题的时候，首先面对的是能不能的问题，即能不能搭建出符合"人"（而不是其他什么小动物）的身体所需要的空间尺度；其次要解决的则是效率的问题，即同样尺度的空间，材料如何可以更少；最后才是美观的问题——即便在面对一座建筑时，这也可能是我们今天首先会琢磨的东西。

金字塔或者井干式建筑完全由结构形成，后来为了用材效率的原因，人们把结构与围护区分开来。这两者之间的关系便也一直纠结下来。

我们首先来看结构。结构要解决的不外乎要跨越一段距离，并且还要提升一段高度。被风刮倒的树木横跨在小河上让人得以走过去，这就是梁，把树干立起来就是柱，它们的组合便就是一个"框架"结构了。在那些盛产木材的地方，这种构筑方式也便首先发展起来。与此相对的是一个洞穴所形成的跨度和高度，对于那些盛产石材的地区，就更钟情于这样的空间和以模块砌筑的建造方式。

虽然在新材料出现以后，产生了壳体、膜、索等结构类型，但是框架和砌筑这两种最基本的结构体系则一直沿用至今，并且广泛地应用于日常所见的各种建筑类型。我们看到，框架是由线性构件组成的结构，而经由砌筑形成的则往往是面性构件。假如屋顶都是一样的（事实上我们以后会发现，在结构的发展史上，其主要的精力其实都被用在了屋顶上），结构的问题便被简化成竖向构件如何抵抗重力的问题，这两种方式也就被简称为是柱承重还是墙体承重。

假如是墙体承重，它自身便可以起到抵御外界侵袭或是冷暖变化的作用，这也是建筑外围护体（我们也会把它叫作气候边界）的重要性所在。但是，柱承重就没有这种便利，必须要另做围护体才行。

图 5.13　图尔佳诺住宅剖面草图

图 5.14 框架结构与围护体的关系

就材料和建造而言，这两种结构体系往往有不同的性质问题及探究方式：框架结构要探讨的是结构本身是外露还是隐藏（图 5.14）；砌体结构可以斟酌的则是实体建造还是层叠建造的问题，前者意为墙体在其进深方向由同一种材料构成，后者意味着它由多种材料为着不同的目的层叠而成（图5.15）。我们应该已经意识到，这里所讨论的看似纯粹技术性的问题，其背后已经蕴含着观念性的思考：对于框架结构，其隐含的是所谓结构的真实性问题；对于砌体结构，其隐含的是材料真实性的问题。这些都是 19 世纪以来现代建构学的核心关注点。当然具体的建构学讨论，会远比这种极端简化的原理性概括微妙和丰满得多。

需要提及一下的是，类似这样的讨论还可拓展到容器（建筑）的顶面和底面。在空调等设备普遍使用时，这个问题变得更为重要。那么，是否要呈现结构，如何处理结构、管道、顶面、空间的关系，建筑师们也会有不同的认识和坚持，其中尤以密斯和路易斯·康为代表。建筑学在某种意义上，正是因为这些讨论而变得有趣。

5.2.2　洞口及其效能

围护体阻挡了外界的冷暖，却也隔绝了光，于是要有洞口。

洞口的开设带来了两个问题：一是洞口以内要使用什么材料，才既可以防风保暖又可以透光透亮？二是洞口与围护体其他材料的交接处要如何处理，才可以避免雨水的渗透以及热量的传导？对于这两个问题，千百年来人们尝试了不同的材料，也试验了不同的做法，既有对新的追逐，也有对旧的回望。

就第一个问题而言，它看上去是个纯粹的材料属性问题，但有时也事关材料的加工制作。中国历史上长期使用半透明的宣纸来蒙住窗格，但是透光和保温都不是很好。玻璃的广泛使用，尤其是近几十年来双层真空玻璃的使用，使得两方面的性能都大有提升。而除了这些，也还有一些别的材料被应用，如苏州地区使用贝壳作为一种半透明的材料放在窗洞里，还有的地方把云石切成极薄的片状，使其成为一种半透明的材料。此时，材

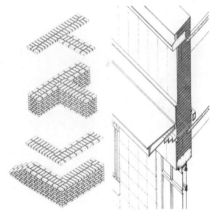

图 5.15　实体建造与层叠建造

料的透光属性已经取决于它的具体加工方式了。

至于第二个问题，由于洞口内的窗与其周边的墙体往往使用不同的材料，并且在不同时段去施工，其交接的方式对于建筑的效能会产生重要的影响，主要是热量的传递以及雨水的渗漏。因此，在窗户的构造设计时，一要阻绝冷桥（即热传导非常容易的"桥梁"），二要杜绝雨水渗漏。在建筑硅胶广泛应用以前，这些构造采用的都是硬构造，即通过理清构件的搭接次序来求得性能的保障。建筑胶的使用固然使构造问题简化许多，但也少了许多的建筑况味。不仅如此，与窗户有关的许多细部，如窗台、窗楣、与周边墙体交接处的线脚等，都是既有其构造上的意义，同时也还为建筑赋予了合适的尺度。建筑胶等新材料的使用，使得这些细部不再必要，呈现出一种"极少主义"的图像面貌。

窗（洞口）是围护体设计的重要内容，除在以上所讲的热工性能以及采光以外，它还是调节自然通风的"机器"，因此，开启扇的设置就必须要考虑了，尤其是在采用大面积玻璃幕墙的时候。这种大面积的玻璃幕墙会使得整个建筑室内暴露于阳光的曝晒之下，因此它其实还会引发遮阳的问题。

总之，围护体上如何开洞，窗户（幕墙）如何设计，如何综合协调采光、通风、热工的要求，如何防止渗漏，这些都是具体构造设计的重中之重。

5.2.3　分离与整合

教学中为了学习的循序渐进，也为求讲解的清晰，往往把一个统一的事物进行拆分，如结构与围护相分离，承重与非承重相分离，并且往往在视觉上力求这些因分离而得到的清晰能够被认知到。这种观念由来已久，也大致符合人们对于建筑的历史认知。如无论是西方古典建筑的实体承重（洞口为窗）还是现代建筑的框架承重（柱间为窗），结构都在光的作用下被彰显。

然而，人们不仅需要光，还要控制光，当结构以外的部分并非全是玻璃而要引入其他不透明材料的时候，表面和结构的关系变得复杂。如果说此时我们还可以通过结构和非结构之间的材料区分来使结构隐约呈现的话，那么，在热工性能被强调的今天，往往我们见到的都只不过是饰面，而没有了完全呈现的结构，虽然有时它仍然可以以一种暗示的方式存在。保温的要求确实对我们长期固守的观念有着巨大的挑战。外面那些看似承重的清水混凝土和清水砖墙其实往往只是饰面，只不过这层饰面厚了一点而已。

结构与围护的分离固然各司其职、清晰可辨，然而就承重效率而言，却显然是浪费的。如今在一些轻型结构中，建筑师们也在努力把它们作为一个不可分离的系统，来协同解决结构、围护、保温、防潮等。如朱竞翔设计的白水河自然保护站（图5.16），以及后来基于这一项目发展而来的格莱珉银行（图5.17）。这种创新型的实践面向当代的现实需求和技术可能，在挑战了我们固有的审美观念的同时，也发展了建构学的理论。

图5.16　白水河自然保护站外观

在本章"实体"这一部分中，我们讨论的这些话题，如结构与围护、清晰与含混、真实与虚假等，大约都在建构学的传统论述之中。需要意识到的是，我们如今所熟知的这些建构学讨论是基于 19 世纪铸铁和钢结构的出现对建筑形式的挑战，着眼于这种静态的（制作）形式及其背后的来源，聚焦于（建造）本体与（视觉）再现的关系。但建筑毕竟不是静态的物件供人去观赏和玩味，它是活的。这种"活"，不仅仅因为它会随着时间的流逝、风雨的洗刷、肌肤的抚摸而慢慢老去，还因为建筑需要呼吸，需要在某些时候保存热量，另一些时候散发热量。如果说 19 世纪面对铸铁提出的是由原来的纯粹形式（Form）过渡到对于制作形式（Work-Form）的接受，如今，应该是我们慎重思考如何由制作形式过渡到讨论工作形式（Working-Form）的时候了——从结构的具体工作机制以及建筑的能量交换来考虑建筑是如何工作的，这种动态的工作机制又将如何影响到其构件连接和形式关系[④]。

5.3 场地

所谓场地，它既意味着我们脚下的大地，也指向我们周边更为广泛的环境。以这样的方式来理解，场地便既可以是建筑所坐落的那一方被称作"基地"（Site）的土地，我们并因此会关注其地形和地貌特征，以及它与周边建筑和道路的关系；同时，场地也可以是更大的具有地域意味的范围，我们会关注在长期的形成过程中，它是否已经被赋予了一些共性特征。

我们关注场地，从技术层面而言是因为建筑必须落地而不能浮留于空中，但更为根本的，是我们意识到建筑在为人提供庇护的时候，并非也不能把人隔绝于外界。建筑不可能独善其身，它的根本任务是要协调内与外的关系，内部的人居空间与外部的城市或是乡村的关系。

在具体进入这个课题时，我们固然首先和首要会关注场地的物质性层面，那些能够触摸和把握的要素，而为了真正理解这些物质性层面，却必须努力去理解其背后的形成动因。这种动因，既有人的行为与活动，也有历史的层叠与延续。涉及这些层面的时候，我们往往会用"场所"（Place）或者"文脉"（Context）来表达，在近来的建筑学讨论中，还会用"地形"或"地形学"（Topography）来加以表述。狭义地来看，Topography 就是场地或是基地；广义地来看，则会涉及历史、文化、气候、风貌等。在一年级的设计基础教学中，我们关注这一问题的基本层面，也是它的物质层面。

5.3.1 建筑与地面的接触

从结构角度来说，为了建筑地上部分的稳固，它得有一定的部分并以一定的方式来埋入地下，这部分被称作基础。"基础"一词在其字面意义上

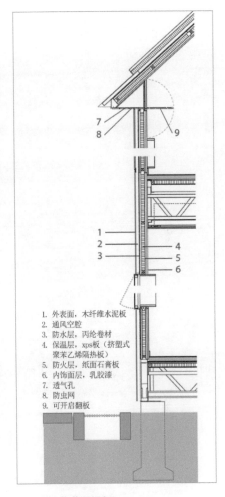

1. 外表面，木纤维水泥板
2. 通风空腔
3. 防水层，丙纶卷材
4. 保温层，xps板（挤塑式聚苯乙烯隔热板）
5. 防火层，纸面石膏板
6. 内饰面层，乳胶漆
7. 透气孔
8. 防虫网
9. 可开启翻板

图 5.17　格莱珉银行

图 5.18　艺术收藏家住宅（House for Collector）

图 5.19　波诺瓦茶室（The Boa Nova Tea House）

图 5.20　鲁丁住宅（Rudin House）

具有"根本"和"起始"的双重含义。"根本"表明其在系统中的重要性、决定性作用，"起始"指其在事物发展时序上的源头作用。因此，基础虽然是结构上的要求，但是其影响却不止于结构。

在森佩尔的建筑原型中，台基（Plinth）这一基础的扩大与显性表达，是构成建筑的四个要素之一。事实上，无论是古代还是当代，对于土地的处理与回应，几乎都是建造活动的首要行为，并因此而具有独特的意义。就这一点而言，莫尼奥（Rafael Moneo）关于赫尔佐格（Jacques Herzog）与德默隆（De Mouron）的评价就具有一种普遍意义："去建造——也就是海德格尔所说的占据大地，首先必须创造一个全新的、人工的地面，一个平台。这是整个建筑过程的出发点。赫尔佐格和德默隆在他们对于根源的探索中，始终关心这个首要的基本环节，建立基础成为建造过程中最重要的、决定性的一步。"⑤

这个平台如何建造，它的结构与方式，也就是建筑究竟如何去接触地面，则往往取决于基地的具体状况。有一些极端的情况，比如说在水里，房屋往往需要有高高的撑脚以便远离水面。但绝大部分的建筑都建于陆地之上，概括而言，不外乎平地和坡地两种。绝对的平地是没有的，因此所谓的平与坡也都是相对而言的。从结构、排水、空间等不同角度来看，对于坡度之意义的理解也有不同。在基础教学中，我们主要从空间角度出发。

如果把"建筑的底板是水平的"作为我们讨论的前提，那么从对原有地形的土方处理和几何改变而言，建筑与坡地的关系就不外乎三种：平切以埋入（图5.18）、挖填以平衡（图5.19）、立桩以架起（图5.20）。这样的三种划分与归纳难免武断而抽象，事实上，面对具体的问题时，建筑与地形的关系远非如此图式化。地面本身以及地面以下的空间变化多端：实体还是虚空，封闭还是开敞，地面既可以是台地固守界限，也可以是平台轻盈出挑。在水平向以外，它也常常以建筑自身的竖向墙体或是单独的挡土墙与场地发生关联，或嵌入或分离，而这些不同的方式也进一步影响到场地的排水以及其他的景观处理。有坡的场地可以提示甚至迫使我们从竖向来思考空间问题，并且更好地实现建筑场地的一体化设计，所有这些也正是坡地的有趣之处。

平的场地相对单纯一些。一般来说，建筑底板会由场地标高抬起，以避免雨水进入和侵蚀。当这种抬高超出了功能性的实际需求，便具有了一定的仪式性。近的如各类公共建筑的入口，远的如故宫三大殿下的巨大台基。许多变体可以认为都是由台基而来：它不一定是实体而可以容纳空间，这就是地下室或半地下室；它可以进一步被挖空直至竖向界面消失，成为被抬起的平板，最典型者莫过于范斯沃斯住宅。近年，也有一些建筑不再抬起，其室内几乎与室外平齐，这对于建筑的防水防潮以及入口处的排水而言是一个巨大的挑战，需要一些特殊的构造做法，好处则是让进出更为顺当，不仅是残障人士的实际使用，也是所有人跨越界面时的心理感受。这种做法去除了建筑和地面之间的交接，建筑更似一个物体，被搁置于大地，即所谓"极简"。

从以上可以看出，讨论基础的处理，实际上是讨论空间的延伸，从而也是空间讨论的延伸。地上建筑物的设计及其与不同地形的关系，将促使设计者思考曾经理所当然地认为是匀质的土地，追问它的存在、事实、信息乃至与建筑物的连接；并将我们习以为常的可视世界与因为"看不见"而反感的"地下"空间联系在一起⑥。

5.3.2 空间的序列与面向

建筑在水平方向的延展，则面对其与城市之间的联系与过渡方式。作为一个尺度意义上的实体，城市包罗万象。作为基础学习，我们此处的讨论则更集中于建筑与其周边环境的关系。换句话说，是由城市进入到建筑的空间序列：这里既包含尺度的变换，也意味着材料的转化。

由城市中的交通性道路，到进入建筑的室内，往往会经过一段室外空间，或广场，或小径，或是两者的综合，完全取决于建筑的性质及其位置。公共建筑由于面向外部开放，且人流量大，需要一个尺度适宜的缓冲广场，再进入室内；居住建筑则相反，往往以小径相连。就入口而言，建筑的空间界面与气候界面往往并不一致，由此形成的"灰"空间成为进入建筑前的最后一个过渡。尺度逐渐收紧，空间渐形封闭。入口的重要性不仅在于其形象，更在于它是空间上内与外、建筑与城市的"门槛"，跨过它，空间再不相同。门厅不仅承接着城市，也开启着建筑内部的诸多空间可能。其交通组织上的属性使其成为室内空间的关键之处。建筑空间与外部的相连并不总是面向城市，还有庭院。此时，同样是外部空间，却有了根本上的领域差异，从而也有了不同的"门槛"，甚至会有意识地使这个"门槛"在感觉上趋于消隐。伴随着这一系列由外到内再到外的过程，还有空间界面在材料上的变化，即坚硬与柔软，粗糙与光滑，明亮与晦暗，皆与尺度一道共同服务于这种序列的转换⑦。

坐落于乡村的建筑，在处理内外关系时会更单纯一些。它不似城市肌理上的绵密，也无城市交通上的嘈繁，内与外的对立不会那么尖锐。此时，假如过渡空间被减少甚至消除，至少在心理上可能并无太多障碍。

序列是从运动的角度而言，若以静止论，则要有效地对空间的面向（Orientation）加以判断。这种判断反映着我们对于外界的态度：接纳什么，又拒绝什么？接纳意味着界面的开敞，也意味着内与外的连接。而这种开敞不仅决定了我们从外界接纳什么，同时也决定了我们向外界展示什么。所谓接纳，一般而言不外乎是纳入人和景观，前者意味着空间朝向城市的公共部分开敞，接纳进城市的生活；后者意味着引入外部的景观，提高室内的空间质量，它可以是远处的层叠山峦，也可以是窗前的一株树木。辛德勒在他位于洛杉矶的自宅中，通过混凝土实墙与玻璃界面的交替使用，典型地反映了这种对于面向——亦即拒绝与接纳——的考虑（图5.21、图5.22）。

达成面向的开敞性常常会通过大面的玻璃窗来实现，尤其是19世纪以来玻璃技术发展以后更是如此。但是，这并非唯一途径。阿尔瓦·阿尔托

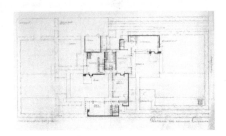

图5.21 辛德勒自宅（Schindler House）平面

图5.22 辛德勒自宅（Schindler House）

图 5.23 阿尔瓦·阿尔托自宅北面

图 5.24 阿尔瓦·阿尔托自宅南面

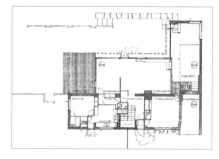

图 5.25 阿尔瓦·阿尔托自宅平面

以他的自宅为我们做了生动的说明。在这座建筑中，朝向北侧城市的部分以砖砌成，朝向南面庭院的部分则为木构墙体。这两种材料的轻重以及由这两种材料构成的墙体的厚薄，肯定、准确，而又含蓄地传达出空间的面向（图 5.23 至图 5.25）。

5.3.3 立面与脸面

在这一部分的开始处，我们说关注场地的动因之一是我们意识到"建筑不能独善其身"，它的根本任务是要"协调内与外的关系，内部的人居空间与外部的城市或是乡村的关系"。如果说研究建筑与地面的关系是从剖面来切入讨论，那么，对于序列和面向的研究则是从平面展开，它们是在讨论建筑如何面对场地时的通用视角。这也难怪，现代建筑以来，我们倾向于把建筑和场地的关系仅仅理解为空间上的关系，并以此来对抗设计中对建筑立面的过分关注。

然而，即便是仅凭生活经验我们也会知道，一座好的城市当然不仅仅是内外空间的问题。走在大街上，我们随时都会评论这个好"看"，那个难"看"。我们"看"的当然主要是建筑的立面。我们固然明白在这些讨论中空间的主导地位，但是又有谁能否认视觉性的立面与脸面在城市塑造中的重要性呢？事实上，正是它们成了外部空间的界面，它们也正是使城市空间具体化的载体，并决定了建筑直接面向城市时的表情。为了清楚地展开讨论，我们有必要先分辨一下"立面"与"脸面"的区别。

无论立面（Elevation），还是脸面（Facade），都把竖向墙体作为建筑的最重要部分，而这并非中国传统建筑的态度和方式[8]。因此，这种细腻的区分几乎可以认为是西方语境下的问题，当然自 19 世纪末以来，因为建筑材料和构筑方式的变化，这种中西差异几乎消糜不见。简单来说，立面是一种视图，是基于一定平面而来的高程反映，且可用于描绘建筑的任何一个面；脸面则主要指建筑面向街道或广场的正立面，或者叫主立面。二者的另一个区分在于，立面往往由空间和结构而来，甚至成为它们的直接呈现；脸面则在此之外，会担负一些意义的表达，从而会有其一定程度的自主性。在许多文艺复兴教堂中，建筑的主要围护体与教堂的脸面往往建于不同的时间，这种建造时间上的分离与延异带来了建筑的墙体与它的脸面——通常也是建筑中最富表现力的部分——分属不同的类别。这始于早期文艺复兴，但一直延续至今。

20 世纪现代建筑对于诚实性和透明性的追求，对于空间和体量的强调，对于结构和材料的重视，倾向于使建筑的外观成为内部要素的直接反映，成为立面。但是，建筑在面向内部的同时，也必然要面向外部。在根本上，建筑的外表面是一个中介物，协调着内与外的关系。而内与外的要求往往是不一致的，尤其是考虑到城市的历史向度、风貌的保护、记忆的延续，则更是如此。同时，处于城市中的建筑也需要有自己合适的姿态，便犹如一个人在公共场合要如何表现自己一般。从这些方面来考虑，脸面并不契合于其后的建筑空间与结构，而呈现出一定程度的独立性或自主性也就不无道理了。

在具体策略层面，这至少涉及三个问题：首先是建筑的外表面如何限定出城市空间的边界，它关乎表面的形状，它可以是底层平面形状的竖向延伸，当然，也可以为了城市空间的需求而与建筑平面有所差异。其次是建筑的外表面如何形成连续而又变化的城市空间界面，它关乎建筑表面的尺度以及材料。最后是如何在建筑与城市间留有能够起到协调作用的空隙，这关乎表面的深度。

当然，在以上列出的三种途径中，立面与脸面互相交织，而非泾渭分明。事实上，这两者在历史上也是有时同一，有时分离。这正是建筑的包容性和复杂性使然，因为它得面对来自内部与外部的多重压力。在思考建筑与场地的关系时，我们需要意识到这一主题的重要性。

图片来源

图 5.1 源自：Vincent Ligtelijn. Aldo van Eyck Works[M]. Basel, Swiss: Birkhauser, 1999.

图 5.2 源自：http://www.flickr.com.

图 5.3 源自：Junya Ishigami. Small Images[M]. Tokyo: INAX Publishing, 2008.

图 5.4 源自：史永高摄.

图 5.5 源自：克里斯汀·史蒂西. 简单建筑 [M]. 曹伦，管娴静，王纳，译. 大连：大连理工大学出版社，2009.

图 5.6 源自：Francesco dal Co. Tadao Ando: Complete Works[M]. London: Phaidon Press, 1995.

图 5.7 源自：Stanford Anderson, Eladio Dieste: Innovation in Structural Art[M]. New York: Princeton Architectural Press, 2004.

图 5.8 源自：Leslie Van Duzer, Kent Kleinman. Villa Müller: A Work of Adolf Loos[M]. New York: Princeton University Press, 1994.

图 5.9 源自：Lluis Casals, Josep Rovira, Mies van der Rohe. Pavillon: Reflections[M]. [S.l.]: Triangle Postals, 2002.

图 5.10 源自：雅克·斯布里利欧. 拉罗歇—让纳雷别墅 [M]. 王力力，赵海晶，译. 北京：中国建筑工业出版社，2006.

图 5.11 源自：Lluis Casals, Josep Rovira, Mies van der Rohe. Pavillon: Reflections[M]. [S.l.]: Triangle Postals, 2002.

图 5.12 源自：史永高摄.

图 5.13 源自：《时代建筑》2005 年第 6 期.

图 5.14 源自：Alessandra Coppa, Giuseppe Terragni. 240 Re—Culture[Z]. 2013.

图 5.15 源自：维纳·伯拉瑟对 1923 年乡间砖宅的复原研究；Edward R Ford. The Details of Modern Architecture[M]. Cambridge: The MIT Press, 2003.

图 5.16、图 5.17 源自：朱竞翔.

图 5.18 源自：El Croquis 60/84.

图 5.19 源自：El Croquis 68/69 + 95 Alvaro Siza.

图 5.20 源自：Luis Fernandez-Galia. Herzog and De Meuron: 1978—2007 AV114+77 Arquitectura Viva SL[Z]. 2007.

图 5.21、图 5.22 源自：Lionel March, Judith Sheine. RM Schindler: Composition and Construction[M]. United Kingdom: Academy Group Ltd, 1995.

图 5.23 至图 5.25 源自：Juhani Pallasmaa Alvar Aalto Architect Volume6，Alvar Aalto Fundation/Alvar Aalto Academy.

注释

① 史永高. 线性建筑构件的空间性问题研究 [J]. 建筑师，2009(1)：75-78.

② Adolf Loos. The principle of Cladding[M]// Jane O Newman, John H Smith. Spoken into the Void: Collected Essays 1897—1900. Cambridge: The MIT Press, 1982:66-69.

③ 史永高. 表皮，表层，表面：一个建筑学主题的沉沦与重生 [J]. 建筑学报，2013(8)：1-6.

④ 史永高. "新芽" 轻钢复合建筑系统对传统建构学的挑战 [J]. 建筑学报，2014(1)：89-94.

⑤ 参见莫尼奥（Rafael Moneo）的《赞美物质》（In Celebration of Matter）.

⑥ 张东光，朱竞翔. 基座抑或撑脚：轻型建筑实践中基础设计的策略 [J]. 建筑学报，2014(1)：101-105.

⑦ 参见 The Law of Meander.

⑧ 在中国传统木构建筑中，一般以"侧样"（剖面）和"地盘"（平面）以及"烫样"（模型）来进行设计或是沟通工作。"正样"（立面）只在描述建筑局部时才会使用。关于这一问题上的中西差异可参见赵辰的《"立面"的误会》（载《读书》，2007 年第 2 期）.

阶段成果（季欣）

空间建构与表达

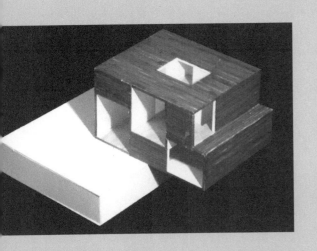

这一阶段，我们将研究设计方案的建造方式，以此推进设计深化，理解建筑空间与结构、材料之间的关系，学习基本的建筑结构和构造知识。

建筑的结构体系有其自身的逻辑，可能与空间秩序存在一定的冲突，设计过程需协调二者间的关系。

建筑构件彼此连接组合，构成建筑物。建筑构件组合后成为建筑的结构构件，也可仅仅用来对建筑空间加以围护。从建筑材料的视觉表达来看，可以根据设计方案的空间目标对建筑构件的材质特征采用不同的处理方式，加以展现或者隐匿。

这一阶段的工作涉及建筑的结构、构造知识。对于建筑设计的初学者而言，结合模型研究对相关书籍进行有针对性的阅读、讨论是非常有效的学习方法。

材料研究

工作任务：

通过对建筑实例的观察、比较和分析，体会材料的色彩、质感对于空间感知的影响。尝试用多种模型材料发展前一阶段的活动中心模型，深化设计，完成中期答辩成果。

工作方法：

选定案例，实地观察、拍照，体会材料对空间感受的影响。所选案例要求具有明显的色彩、材质和肌理特性。选取恰当的角度，从整体至局部拍摄一组照片（三张），包括整体透视、完整立面及立面局部，体会不同距离和观察角度下材料所呈现的差异。立面局部照片重点在于表现材料单元，在上面绘制一定尺寸的浅淡网格线，通过网格线，我们可以较为容易地感知材料单元构件的尺寸。对于较大的建筑构件，可采用较大的格网，反之亦然。网格间距为500mm的整数倍。

选择两种以上模型材料（透明材料除外）来制作活动中心模型。根据某一原则改变部分构件的材料，并与原有模型进行比较。根据其他原则或目的，重复上述过程，推进方案深化。完成设计方案平面图、立面图、剖面图、总平面图。

成果要求：

将五组"材料观察"图片共同构图在一张A3图纸上。

两个不同材料制作的活动中心模型，比例为1：100。

以上述模型之一为准的设计方案平面图、立面图、剖面图，比例为1：100；总平面图，比例为1：300；内部空间透视图，A4图幅；共同构图于A1图纸。

阶段成果：学生作业

建构研究

工作任务：

本阶段通过结构研究推进和深化设计。可以选择木、砖、混凝土、玻璃作为主要的建筑材料，形成建筑的结构和维护体系。

工作方法：

我们可以将设计方案的结构类型加以简单区分，采用框架结构、剪力墙结构或砖混结构，当然，也可以根据设计方案的空间需求综合使用。前一设计阶段，我们以杆件、板片或盒子为抽象的空间要素进行空间组织；本阶段，我们往往发现，这些空间要素既具备空间目的，也具备结构目的。

本阶段我们进行结构研究的目标为：第一，保证方案具备结构可行性；第二，从结构和空间关系角度进行思考，以结构逻辑来强化空间概念。

成果要求：

结构体系模型，比例为 1∶100；

完善结构体系后的设计方案模型，比例为 1∶100。

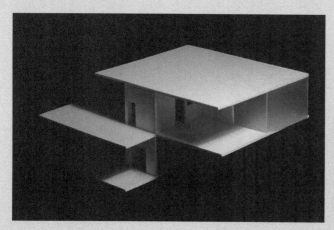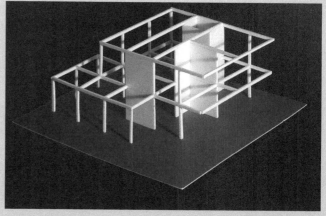

阶段成果（刘子彧）

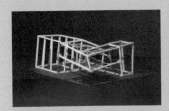

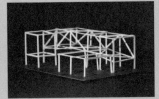

阶段成果（管菲）

要素整合

工作任务和方法：

建筑形式是整合了建筑空间、材料、结构等因素后的设计成果。一方面，通过城市环境的研究可以获得建筑体量、尺度、材质等设计的线索，周边建筑和环境可能对新建建筑的屋顶形式、体量虚实、立面的洞口尺度和位置、立面材料等设计产生影响；另一方面，建筑形式可以理解为建筑空间的外部表达，包括空间的尺度、虚实、空间洞口的位置、尺寸和形状等，也可体现建筑空间形式的建构逻辑，包括建构空间的材料、构造及结构等的展现。

此外，通过板片、体量、杆件等空间要素的操作，结合材料和结构等物质性考虑，我们可以获得具有鲜明特征的建筑空间形式，在获取空间的同时，这种抽象要素的操作也成为建筑造型产生的重要驱动。

成果要求：

有完整外立面的建筑设计方案模型，比例为 1∶100；

建筑造型方案和城市环境融合透视效果图，A3 图幅大小。

阶段成果（方坤）

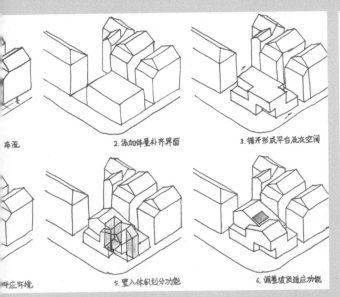

车流

2.添加体量补齐界面

3.错开形成平台及灰空间

呼应环境

5.置入体积划分功能

6.调整坡顶适应功能

制图和模型

工作任务：

图纸和模型是建筑师推敲方案、表达思想、完善设计的基本工具，选用恰当的图示和模型语言是建筑师的基本素质。本阶段重点练习建筑方案的表现，通过图纸和模型将设计方案及其发展过程进行综合表达。

工作方法：

绘制透视图，将绘制过程分解为四个步骤。

选择透视角度，绘制线条透视定稿：可以依靠手工模型选出较为理想的观察角度，在此基础上求出建筑体量透视，加上材料质感。

添加光影、配景：在线描定稿的基础上添加光影；绘制配景，配景添加的目的在于形成合适的尺度感和环境气氛。

尝试不同的表达方法，比如在灰卡纸上用白线条或用炭笔绘制，也可以尝试不同的线条排布，形成特殊的表现效果。

选择一个合适的表现方法，绘制最终的建筑表现图，最终表现图为单色表现，方法不限。

绘制平面、立面、剖面等定稿图纸，进行必要的渲染，完成线条的整理修饰。

制作模型，模型材料可以适度表达设计方案的建筑材料，模型需表达一定的外部环境。

成果要求：

设计方案模型，比例为 1∶50。

A1 图纸，单色，数量不限，需要包含以下内容：

· 总平面图，比例为 1∶300；

· 各层平面、立面、剖面，比例为 1∶100（可根据需要选择 1∶50 比例绘制），立面、剖面皆不少于两张；

· 手绘室外透视图，画面部分不小于 A4 图幅；

· 室内空间透视图，画面部分不小于 A4 图幅；

· 剖轴测图，比例为 1∶30；

· 反映设计思路的分析图若干；

· 反映设计发展重要过程的模型照片若干。

阶段成果（刘子彧）

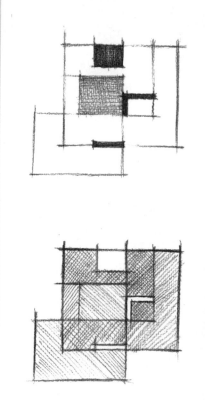

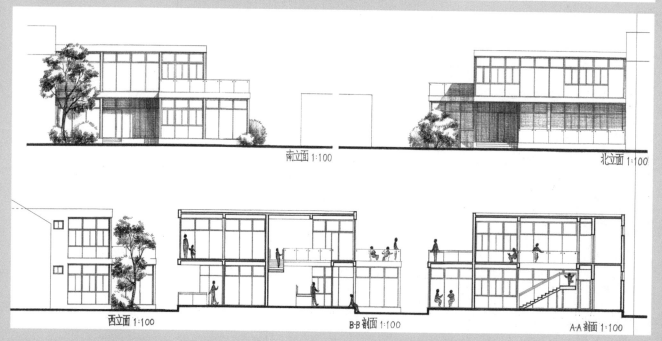

南立面 1:100

北立面 1:100

西立面 1:100

B-B 剖面 1:100

A-A 剖面 1:100

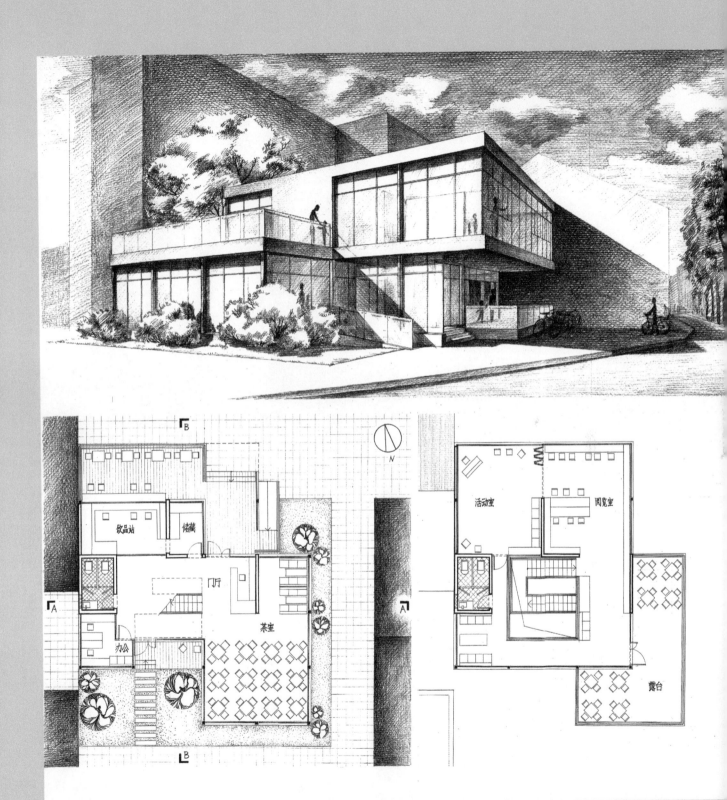

阶段成果（刘子彧）

成果图纸：余善君
指导教师：史永高

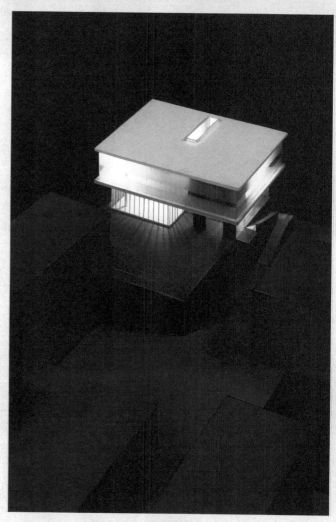

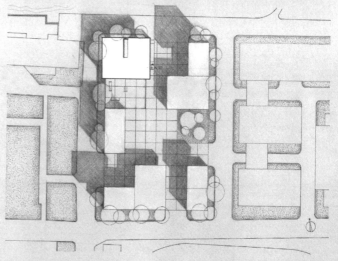

总平面 1:500

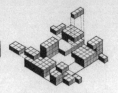

条件拟设：54×36㎡矩形场地，集中绿地；会议体块：7个7.2×10.8×14.4㎡建筑体块。

体块置入：以7个体块进行场地规划，考虑入口及穿行，并围合出一个聚会广场。

切割体块：根据周边建筑形体和其他环境关系，对体块进行切割，同时形成灰空间。

单体调整：依据周边建筑的形体和边界，对建筑进行调整，更好地融入环境。

功能配置：根据动静分区等原则，把需满足的功能在体块内部进行配置和协调。

要素凸显：以要素语言解读前面的工作成果，并通过板片与体块的强化使设计语言更为清晰。

内专家楼劣，建
西北角给定的体
侧为基地的会聚

体块之上，设计
板以及竖直向玻
效果。根据不同
两层采用了不同
建筑结构规整，
简结构构件的

二层水平带状
明与半透明区分
的设计概念，而
楼板的真实差异，
化的侧向与顶光的
式，则塑造了一、
独特而丰富的空间
面积342㎡。

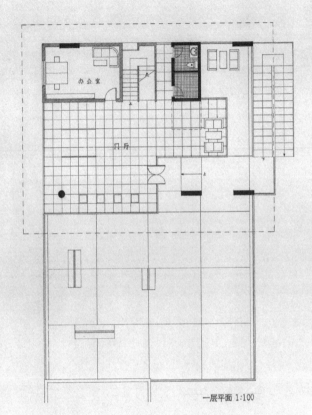

一层平面 1:100

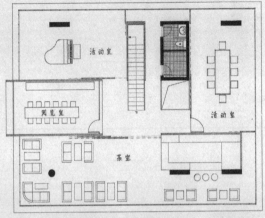

二层平面 1:100

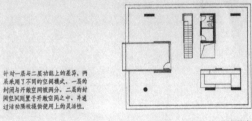

开敞状态

针对一层与二层功能上的差异，两层采用了不同的空间模式，一层的封闭与开敞空间做区分，二层的封闭空间置于开敞空间之中，并通过活动隔板提供使用上的灵活性。

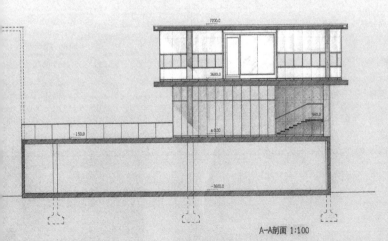

A-A剖面 1:100

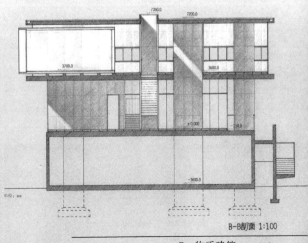

B-B剖面 1:100

成果图纸：余善君
指导教师：史永高

概念阐释：经向水平板浮在
体块之上，成为解决问题的基
础，并成为设计的核心概念。

空间模式：在一层，封闭与
开放空间被墙垫隔开，呈两分
关系。

空间模式：在二层，封闭空
间置于开放空间之中，呈包围
与植入关系。

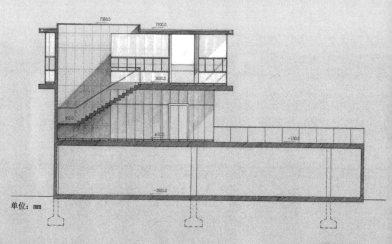

单位：mm

C—C剖面 1:100

结构限定出的空
两块主要的水平板
为/2:1。

比例研究：室内三个主要的
有占据功能的体块的长宽比皆
为2:1。强化了纵深感。

模型研究过程

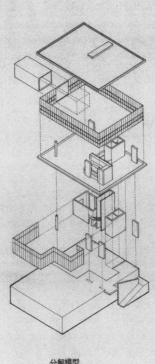
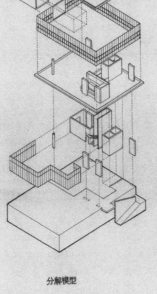

分解模型

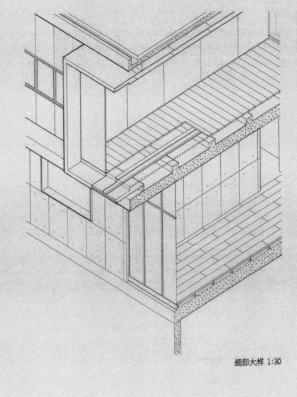

细部大样 1:30

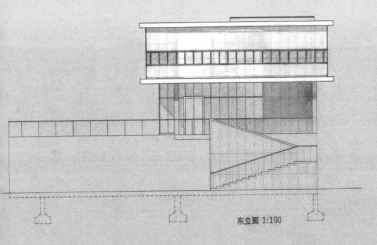

东立面 1:100

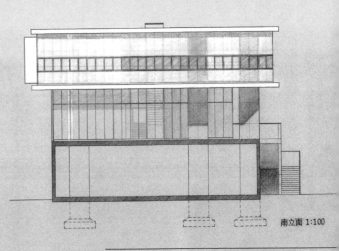

南立面 1:100

成果图纸：季欣
指导教师：张嵩

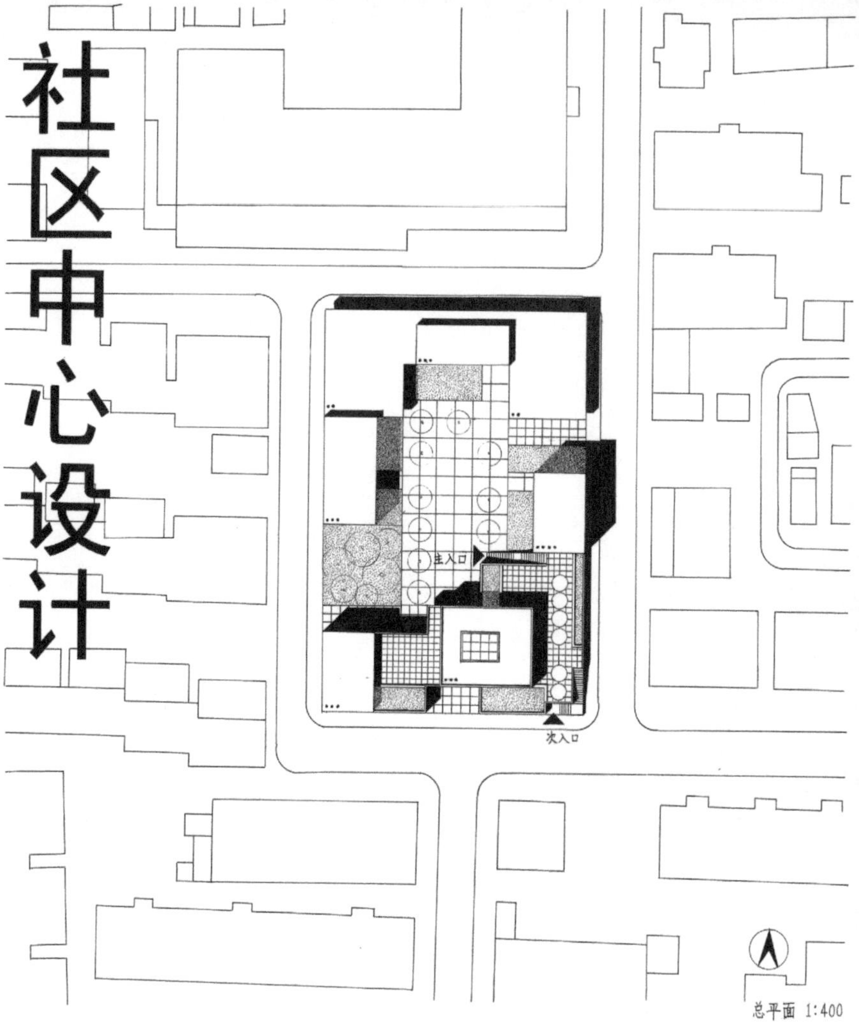

社区中心设计

总平面 1:400

主入口

室外平台

-3.800

茶室 茶室 门厅 ±0.000 -0.050

活动室 -0.020 展示

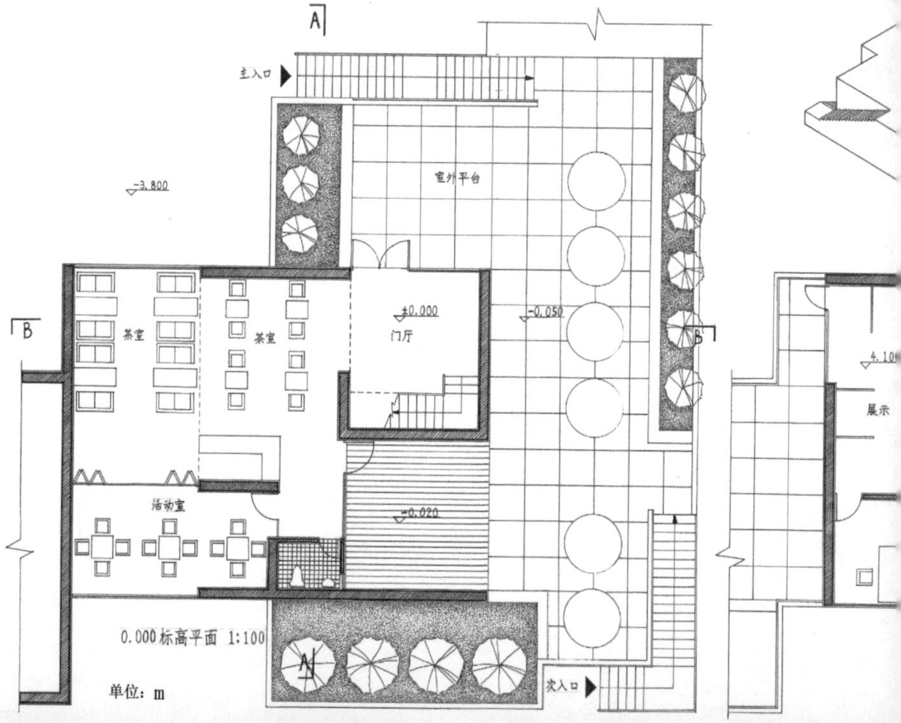

0.000 标高平面 1:100

次入口

单位：m

146 建筑设计基础

本设计的用地位于一个有待改造的住宅小区，设计目标是为这个小区提供一个小型社区中心，为小区居民提供基本的展示、交流、活动和社区办公、保健医疗场所。

本设计是从环境分析入手，小组合作完成一个场地的整体布局，之后独立进行形体调整，形成初步的建筑体量，进入建筑设计阶段后，设计过程包括了功能配置、结构和空间互动、构造材料研究等多个阶段。

本次设计的研究工具是以模型观察推敲为主，辅以图纸分析研究。正是通过这些过程，本设计实现了切合外部环境；功能、结构、空间相互匹配的目标，创造出一个动静皆宜，空间丰富、功能合理的小型社区活动中心。

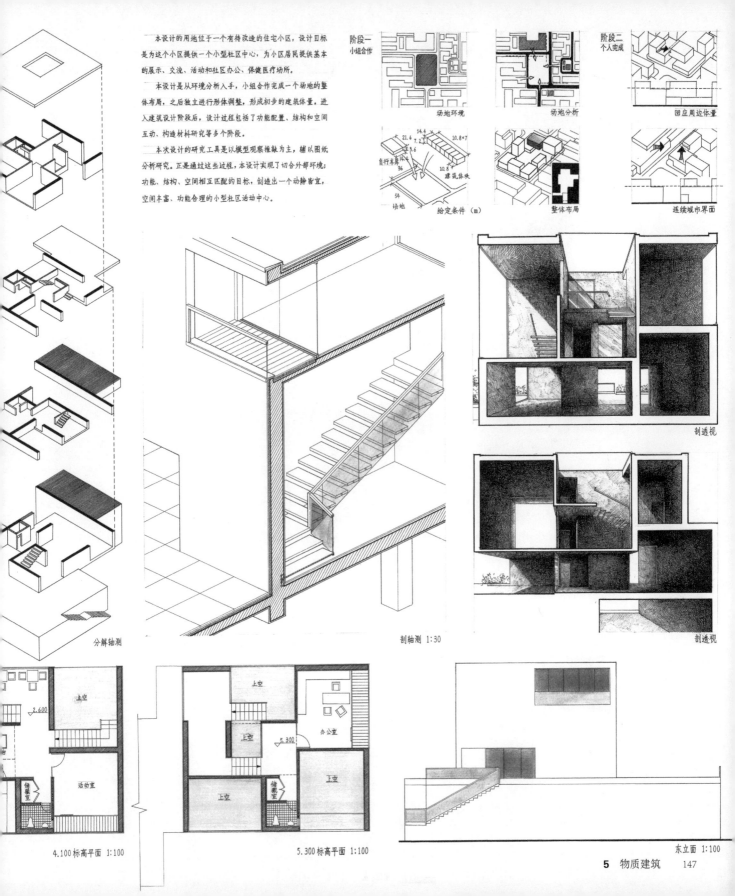

阶段一 小组合作

场地环境

场地分析

阶段二 个人完成

回应周边体量

给定条件（m）

自行车库△
建筑体块

整体布局

连续城市界面

分解轴测

剖轴测 1:30

剖透视

剖透视

4.100 标高平面 1:100

2.600

活动室

储藏室

上空

5.300 标高平面 1:100

上空

上空

上空

办公室

储藏室

东立面 1:100

成果图纸：季欣
指导教师：张嵩

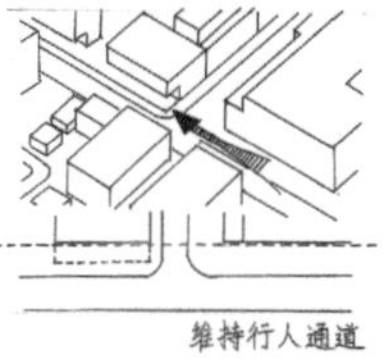

维持行人通道

体量操作成果

阶段三
个人完成

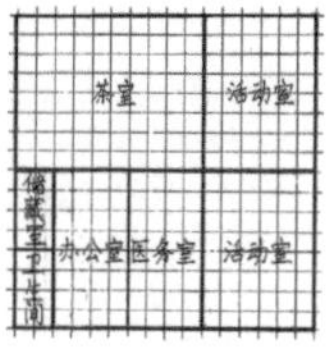

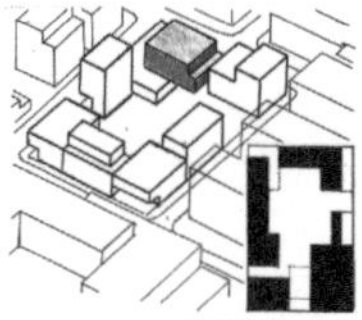

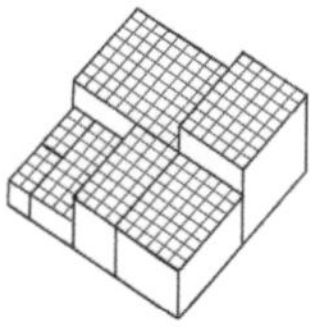

功能的平面和空间等级

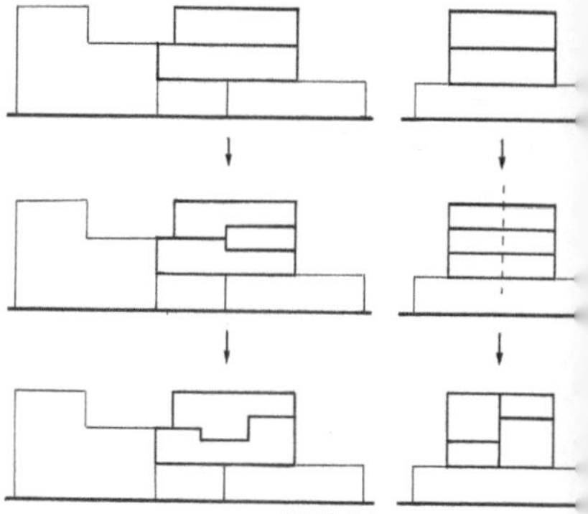

剖面发展1

室内透视1

室内透视2

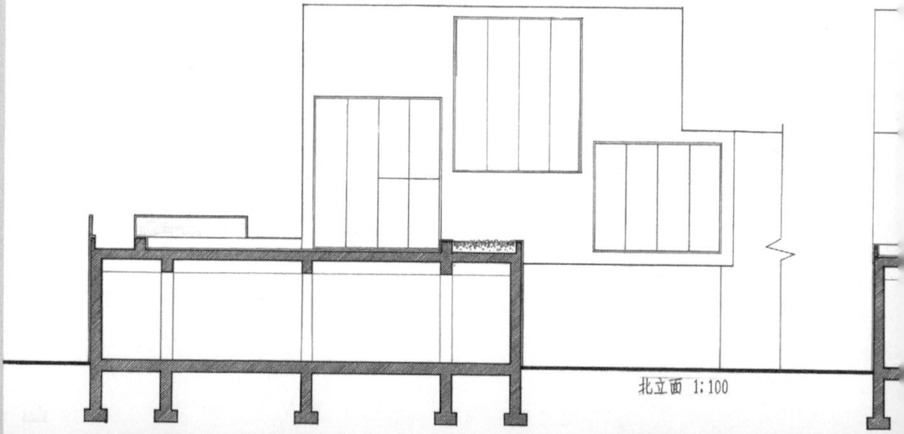

北立面 1:100

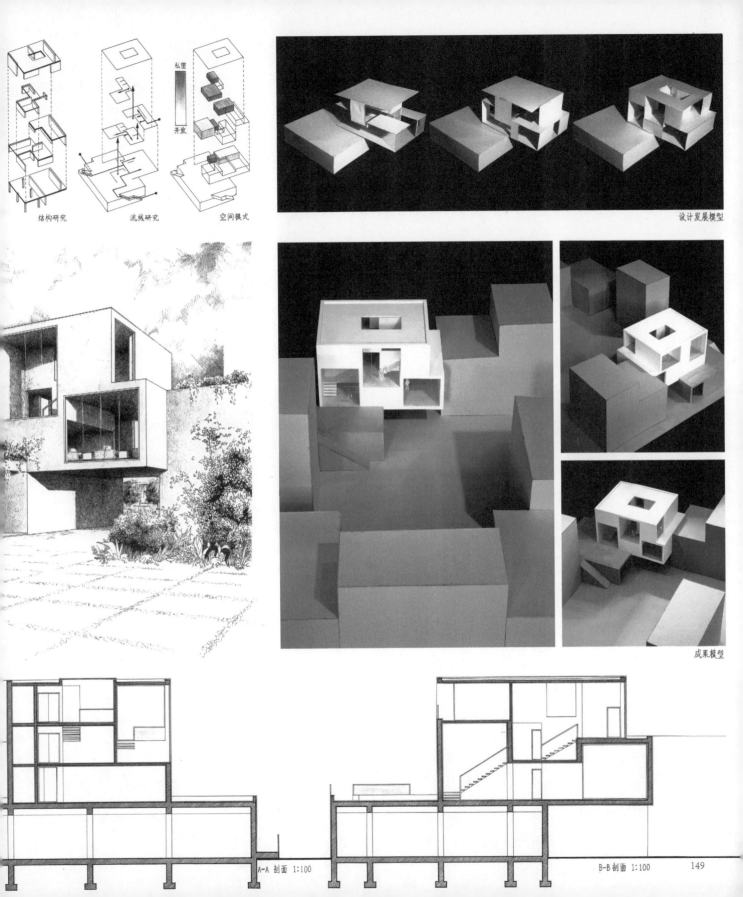

结构研究　　　　流线研究　　　　空间模式

私密

开放

设计发展模型

成果模型

A-A 剖面 1:100　　　　　　　　　　B-B 剖面 1:100　　　149

建筑设计的图纸表达

图 5-a　瓦尔斯温泉浴场草图

建筑制图是建筑学专业的基础课程，也是每位学生在设计课中必须学习、掌握、应用的专业技能。福赛等人在《建筑构思——建筑绘图分析》一书中指出，"绘图……是这么一种行为：它一方面要严格遵循惯例，同时又极度个人化……"[1]如果说建筑是艺术和工程的结合，那么这一状况并不难理解：作为艺术创作，个人化是必然结果。例如，卒姆托瓦尔斯温泉浴场的设计方案阶段平面图（图 5-a），厚重的墙体在图纸中被彻底涂黑，不同的空间领域被施以不同的色调，这一建筑动人的空间特征在平面图，中便得以凸显。而妹岛和世一些设计作品中用以指导施工的平面图，不仅具有工程图纸的专业性、严谨性，其纤细的线条又与建成作品的空间氛围气韵相通（图 5-b）。由此可见，工程性的图纸依然能具有强烈的个人色彩，体现出设计方案的气质。图纸并不仅是设计构思和建成建筑之间面无表情的工程学媒介，更是建筑师设计创作的作品本身。

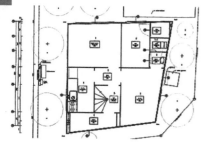

图 5-b　李子林住宅施工图（妹岛和世设计）

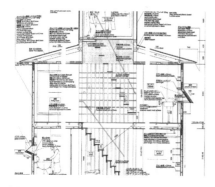

图 5-c　D.a.S 住宅（犬吠工作室设计）

不同设计阶段的"图"

一般认为，建筑设计总是从大的"概念"出发，再逐步深化，最终推敲细节，作为终点。于是整个设计过程可以划分为不同的阶段，各个阶段以不同的问题为重要研究对象，选择相应的"图"作为研究工具和研究成果。事实上，真实的建筑设计过程很难用"阶段"划分：在设计刚刚展开的时候，也许建筑师已然在考虑一个建造的细节、一个具体空间的体验。在此，我们不妨对建筑设计的过程加以粗略的划分：建筑设计概念方案阶段——获得概念性、整体性的建筑设计方案；建筑技术设计和施工设计阶段——解决概念性建筑设计方案的建设实施技术问题、深化和完善设计细节（图 5-c）。

相比较而言，概念设计阶段的"图"可以带有浓厚的个人风格，而技术设计阶段的"图"则应为规范的专业语言：方案设计阶段的图纸应清晰明确地表达出建筑设计的基本意图，如建筑物与环境的关系、建筑平面布局、交通的组织、建筑立面及造型等。技术设计阶段需要对设计方案进行深入的技术研究，以解决主要的技术问题。在施工图设计阶段绘制施工图。设计图纸是建筑师与工程师、建筑工人等相关技术人员进行沟通的媒介。施工图纸则是施工的依据，包含建筑真实建造所需的全部信息，涵盖了建筑、结构、设备等各个专业的设计工作，此阶段还要绘制一些部位的大比例构

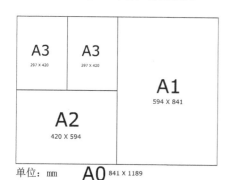

A3	A3	
297 X 420	297 X 420	A1
		594 X 841
A2		
420 X 594		

单位：mm　A0 841 X 1189

图 5-d　工程图尺寸示意图

图5-e 社区活动中心图纸表现
[学生作业（郑钰达）]

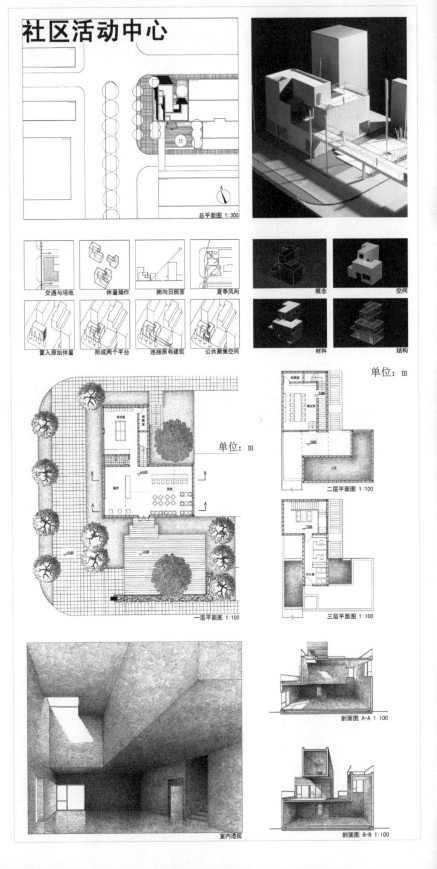

造详图作为施工的依据。我们所绘制的设计图纸必须符合建筑制图规范，才能正确传达设计意图。

构图和比例

构图的工作包括选择图纸型号以及将多个内容在图纸中加以布局。作为建筑专业的学生，常用的图纸型号有A0至A3几种（图5-d），应根据建筑物规模以及图纸表现深度要求来选择图幅大小。

对于学生而言，设计作品很难得以建设实施，设计作品的展示媒介和评价基础多为图纸或模型。就图纸而言，合理的构图有利于观者完整地了解设计作品，应遵循以下原则：第一，将具有相关性的图纸作为"组"加以排布。例如，平面图、立面图、剖面图这些图纸之间存在着密切关联，将它们布局在一起，便于了解设计方案。再如，展示设计发展过程的多个模型照片自然应该按顺序排布。第二，考虑相关图纸的位置对应关系。例如，多层建筑各层平面应按照楼层顺序由低到高、对齐排列；立面图、剖面图的地面剖切线在相同高度。这样不仅便于读图者理解设计方案，也方便制图者对照尺寸，避免错误。第三，重视图纸的整体协调关系。一张（一套）图纸中的各个部分在绘图工具、字体字号、深浅色调、风格特征等环节应该尽量统一协调，在此基础上，设计的核心概念可以适当突出（图 5-e）。

　　建筑设计与其他艺术创作相比，一个显著的差异在于其创作过程往往通过其他媒介（图纸、模型等）完成：画家以画布直接作为最终的艺术创作成果，而建筑师则不停地修改（缩尺）模型，绘制（缩尺）图纸。同时，建筑师设计创作所关注的问题也跨越了巨大的尺度层级。建筑师要考虑建筑与城市环境的关系，也要考虑一个门把手的触感。这就决定了我们不可能在一个普适的比例上进行设计研究，也不可能在一个普适的比例上表达设计成果。

　　"图"作为设计研究工具，应切合讨论的话题，其比例的选择应该利于构思产生和思维发展。在以往的建筑设计教学中，往往用"一草""二草""定稿""正图"等阶段划分一个设计作业的教学阶段。不同阶段要求学生用不同的比例工作："一草"阶段的比例为 1：500 ；"二草"阶段的比例为 1 ： 100……这样的教学方式延续至今，也成为部分建筑师的工作习惯，然而这种直线推进的设计过程在真实的设计实践中并不多见。建筑设计方案的"一套"成果往往包括了总平面图、立面图、剖面图、构造详图等。这些图纸的比例虽各不相同，但却又往往遵循这一逻辑：在类似大小的纸面上，图纸包含的信息量大致相当，既保证我们能够清晰地获取建筑师试图传递的信息，图面又不至于空而无物。可以说小比例图纸对于抽象设计概念、归纳整体关系更为有效，大比例图纸对于推敲细节更为实用，基于这样的逻辑我们就可以根据需要选取恰当的比例绘图。

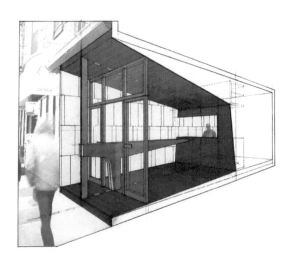

图 5-f　热狗店剖透视图

环境和配景

　　传统的建筑图纸表达少不了配景，主要是人、树等要素。这些配景的绘制一方面使图面更加生动，另一方面也有助于表达建筑的尺度。然而，我们必须理解建筑"图"是设计方案的表达，本身无需过度强调"图"的"画境"（这种"如画"的"图"恰恰是"布扎"体系建筑设计的重要追求和评价标准），而更应该凸显真实的建筑环境和空间。例如，在"图"中绘制"人"，自然不必对其五官加以仔细刻画，而应凸显其尺度参照、解释空间使用的作用（图5-f）。

　　当我们的设计在一个真实具体的环境中展开时，设计对象周边的环境因素会对设计方案产生直接的影响，甚至成为左右设计构思的决定性要素，在"图"的表达中我们自然应该对环境加以表达。此时的环境——周边的建筑、地貌、树木等——不应被简单当作二维图纸中的"配景"，而更应成为解释设计方案的重要组成（图5-g）。无论对于设计方案基础图纸（平面图、立面图、剖面图等）还是对于建筑效果图（内部空间效果图、建筑外部透视效果图等）均应遵循这一逻辑。

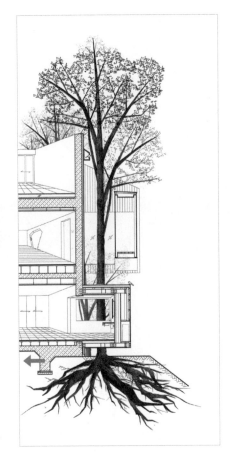

图 5-g　跳舞树（Dancing Trees）

注释

① 莱恩·福塞, 罗德·亨米. 建筑构思——建筑绘图分析 [M]. 王林伟, 译. 北京: 机械工业出版社, 2004.

图片来源

图 5-a 源自: http://www.vagon293.es/arquitectura/el-croquis/el-croquis-las-termas-de-vals-peter-zumthor.

图 5-b 源自: EL Croquis 121/122 SANAA 1998－2004.

图 5-c 源自: 犬吠工作室.

图 5-d 源自: 黎德元绘.

图 5-e 源自: 东南大学学生作业.

图 5-f 源自: Lewis Tsurumaki. Lewis: Opportunistic Architecture[M]. New York: Princeton Architecture Press, 2008:44.

图 5-g 源自: http://www.archdaily.com/198397/dancing-trees-singing-birds-hiroshi-nakamura-nap.

6 从方案到建筑

From Design to Building

引子：建造作为关键问题

建筑跟其他艺术形式一个显著的不同之处在于，它不仅是抽象的图纸或模型，而且需要进行实际的建造。要建一座建筑，首先要准备好建筑所需的材料，如砖、混凝土、水泥、黄沙、木材等，然后组织人工和设备，耗费一定的能源，按照一定的施工程序将建筑材料组合成为建筑。有的组合过程比较简单，如用螺栓将构件连接，短时间就可以完成；有的组合过程则较为复杂，如浇筑混凝土构件，需要准备模板、浇筑、养护等一系列连续不断的过程，任何一个环节出错都会产生问题。正是由于现实因素的制约，导致建筑设计不可能天马行空、随心所欲，必须遵循材料的性能、特性。了解材料及其相应的建造特性是建筑师的基本素养。

几乎每位建筑师在首次面对自己的第一个建成作品时都会发现建成效果和自己原来的预想相差巨大。对于一个建筑设计的初学者而言，从缩小比例的图纸和模型过渡到真实尺度的建筑是相当有难度的一件事，但我们可以借助于一些方法和手段来降低难度。最简单的办法就是用大比例甚至足尺模型来模拟最终建成的建筑（局部），为我们提供最直观的效果（图6.1）。同时制作大模型的过程也可以帮助我们发现一些不易发现的问题。当研究对象从缩小比例的图纸、模型扩大到等比例大小的模型时，我们就可以用自己的身体作为参照系，体验和判断设计作品的几何尺度和材质特征。

图6.1　多伦多大学建筑、景观与设计学院（约翰·丹尼尔系扩建设计方案模型，通过1：50的剖切模型可以直观地看到内部空间）

6.1　材料、节点与结构

建筑建成后建筑师的任务就基本完成了，但对于建筑物而言，其生命才刚刚开始。在"可持续发展"成为全社会共同关注话题的今天，需要从全生命周期的角度对建筑进行考量，一座好的建筑不仅需要设计先进、施工优良，还需要运转高效，最终拆除的材料可循环利用。随着中国建成建筑越来越多，新建建筑数量逐渐减少，现存建筑改造的需求也越来越大。建筑师应该在设计之初就考虑到这一问题，应为未来建筑的再利用提供充分可能，也可以设计可再利用的建筑构件，一旦建筑拆除，建筑构件和材料还可以得到最大限度的再利用。

建筑需要用物质材料建造。选择何种材料，以何种方式交接组合，使其最后形成一个建筑整体，是建筑师应认真考虑的问题。建筑材料必须以适当的方式连接以适应它们的功能，如果连接方式不当，则很容易带来一系列的问题，如寿命缩短、漏水潮湿、噪声干扰、不易清洁等。

人类社会大量的物质和能源资源都用在房屋建设上。1992年，中国的建筑耗能占全社会耗能的15%，2000年提高到27%。2005年房地产建筑用钢量占全国用钢总量的20%，水泥消耗量占全国总消耗量的17.6%。由此可见建筑行业对于资源节约、可持续发展的重要性。

　　建筑师按照自己的设想完成设计后，因为建设成本、施工水平等问题而造成工程中断、延期甚至项目失败的例子不胜枚举。为了避免这种情况的发生，我们应尽量使设计方案与建筑建设条件和经济水平相匹配，以保证建筑能顺利地从图纸变为实物。

6.1.1　材料

　　建筑物中的材料需要承受各种不同的作用，因而要求建筑材料具有相应的各种性质。例如，用于建筑结构的材料需能抵抗重力以及风、雪、地震等各种外力的作用，因此需要具有一定的力学性能。长期暴露在空气中的材料，要能经受风吹日晒、雨淋冰冻（图6.2）。有经验的建筑师必须熟悉材料的基本性质，进而合理加以使用。

　　1）材料学

　　从材料学的角度可以从以下几方面来描述建筑材料的基本性质：

　　材料的基本物理性质，包括密度、容重、密实度、孔隙率等。材料的许多其他特性都是与此相关的，比如抗压强度高的材料往往也是密度容重较高的材料，而保温材料往往是容重较小、孔隙率较高的多孔材料。材料的力学性能，包括抗拉抗压及抗剪强度、弹性和塑性、脆性和韧性、硬度和耐磨性等，是选择结构材料的主要标准。材料与水有关的性质，包括亲水性和憎水性、吸水性和吸湿性、耐水性、抗渗性、抗冻性等，是选择防水材料的重要标准。材料的耐久性能，包括抗冻性、抗风化性、抗老化性、抗高温性、耐化学腐蚀性等；材料的热工性能，包括导热性、比热容等，是选择保温材料的主要标准。材料的声学性能，包括声速、吸声性、隔声性等，室内设计在选择材料时需要考虑这些指标。材料的组成、结构和构造，包括化学成分和矿物组成、内部质点的状态特征、材料孔隙、岩石层理、木材纹理等，这些与材料最终呈现的视觉和触觉效果直接相关。材料的环境影响，包括材料生产运输和使用中的资源消耗、有害物质的排放。我们应尽可能选择资源消耗小、污染排放少的材料。

　　正是由于材料具有这么多的属性，所以并不存在某种"完美的材料"。例如，钢材在具有强度高、加工性好等优点的同时，也具有不耐腐蚀、不耐高温的缺点。木材的强度高，有弹性，还可再生、无污染、绿色环保，但是木材易燃烧，防火性能不佳。对于建筑师来说，在建筑设计中应遵循"材尽其用"的原则，合理选择材料。

　　2）材料与结构

　　我们要实现材尽其用可以从两方面入手：一是选择发挥材料特性的结构系统，二是选择满足结构要求的建筑材料。人类最初进行建筑设计的重要目标就是要利用尽可能少的材料形成尽可能大的使用空间，合理的结构系统可以节约材料。材料和结构就像鸡和蛋的关系：到底是先有好用的材料然后发展出适合的结构体系，还是先有合理的结构体系再寻找恰当的材

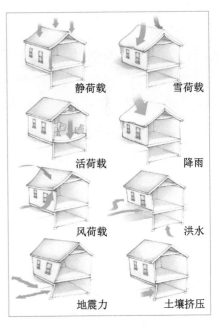

图6.2　建筑经受的各种外力作用

静荷载　　雪荷载

活荷载　　降雨

风荷载　　洪水

地震力　　土壤挤压

料？其实这两者是相辅相成、互为影响的关系。

古代人类科技水平不发达，建筑往往就地取材，于是发展出不同的建造技术。18世纪的德国建筑师戈特弗里德·森佩尔（Gottfried Semper）将其归纳为以下四种：对于柔性材料，如丝线、麻绳，采用经纬交错的编织工艺；对于塑性材料，如黏土、混凝土，采用先塑形后定型的陶瓷工艺；对于杆件材料，如木材、竹材，采用榫卯搭接的木工工艺；对于块状材料，如砖、石材，采用上下错缝、内外搭接的砌筑工艺（表6.1）。随着人类科技水平的进步，现代材料的使用已几乎不存在地域限制，即使北京的建筑也可以使用产自意大利的大理石。

现代材料同样也在发展进步，可循环可再生材料的使用日益普遍。这些材料往往取自天然材料，强度比人工合成材料低，因此就更需要合理的结构以充分发挥其力学特性。例如纸，其纤维抗拉强度大，但质地柔软，不耐硬物的摩擦或穿刺，一旦出现破损，强度就会大幅度降低。鉴于纸的这一特性，我们可以采用增加纸张厚度、多片纸折叠或卷曲成筒等方式来加以使用，以提高结构的整体强度。2014年度普利兹克建筑奖获得者——日本建筑师坂茂就以善于利用纸材料而闻名，他设计的纸建筑被大量用于灾后的临时庇护所以及博览会的临时建筑（图6.3）。

3）材料体现地域文化

钢和玻璃的摩天楼可以在世界各地遍地开花，所谓的"国际式"风格造成地域特色的缺失。有些建筑师开始对这一现象提出反思，提出重新向地方传统学习，利用本土材料和建造方式来实现具有地方特色的建筑形式。

地方材料产自当地，由于千百年来的反复利用，当地居民已经积累了一整套适合当地气候条件的结构形式和构造做法，这就使得地方材料天然蕴含着地方文化属性。例如，竹子盛产于东亚热带地区，相比于普通木材，其生长周期短、抗拉强度高、弹性好，在传统民居中曾经被大量使用。由于它断面尺寸较小，一致性低，不便于实现规格化标准化，不耐虫蛀，在与木材的竞争中渐渐被淘汰，在现代建筑中运用稀少。但如在现代建筑中采用竹子作为建筑材料，则自然会产生对传统文化的联想（图6.4）。随着

表6.1　四类主要的材料建造系统

材料特点	柔性材料	塑性材料	杆件材料	块状材料
典型材料				
建造方式				

生态环保和地方文化理念的复兴，竹材低碳环保的优点重获重视。同时，竹材进行工业化加工处理的技术日益完善，保证了竹材的大批量生产和耐久性，在现代建筑中被重新开始运用，并获得了公众的认可（图6.5）。

图6.3　汉诺威世博会日本馆（采用纸筒作为主结构材料，板茂设计）

图6.4　松江方塔园何陋轩（冯纪忠设计）　图6.5　越南昆嵩市印度支那咖啡厅（武重义设计）

6.1.2　节点

我们如果把结构比作人体骨架，那么节点就是关节。节点的主要目的是连接不同的构件，由于单个构件尺寸有限，所以需要通过某种方法把它们彼此连接，形成一个整体。有的建筑基本采用一种建筑材料建造而成，如窑洞，其不需要特殊设计的节点，而大部分建筑在不同构件的连接中都少不了节点设计。随着现代建筑采用的材料种类越来越丰富，节点需要解决的问题也日益复杂。

1）刚接节点与铰接节点

在设计研究的过程中，采用小比例模型和大比例设计存在重要差别，小比例模型便于研究结构，而大比例模型便于研究节点。节点通常来说是多个部件的交汇点，受力复杂。有的节点可以传递力，但不能传递扭矩，这类节点我们称之为铰接节点。有的节点不仅可以传递力，还可以传递扭矩，即不会产生明显的连接夹角变形，我们称之为刚接节点。采用刚接节点的结构整体性好，而铰接节点只需要传递力，但由于其结构整体性差，需要更多的结构构件来保持整体结构的稳定。

2）基本节点与复杂节点

不借助第三方材料，仅靠同种材料部件连接是最基本的节点方式，比如中国传统的木建筑大量通过榫卯来连接构件，柱础与柱、柱与梁、梁与檩均采用这种方式连接（图6.6）。这种方式主要依靠工匠的手工艺技术直接对材料构件进行加工，形成可连接的形状尺寸，其优点是制作简单。在工具技术不发达的古代，这种做法是非常合理的。由此带来的缺点是构件

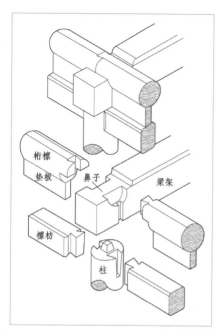

图 6.6 中国古建筑中柱、梁、枋、垫板节点的榫卯做法

被切削掉一部分后强度会降低，为保证节点处的强度，只能加大构件断面规格，从而造成材料的浪费。现代工程师则在传统木结构基础上设计出加工简单又尽可能少切削的材料，从而不影响材料强度的节点（图 6.7、图 6.8）。

现代建筑随着工业化的发展，通过机器可以加工出复杂的零部件，可以借助第三方材料的方法来简化和加强材料的连接。我们现在设计木结构时就可以利用钢节点来连接木构件，这样就可以保证木杆件本身的完整性，同时也不需要为了节点而增加构件的断面规格（图 6.9）。有许多建筑作品以设计精巧的节点而著称，如皮亚诺（Renzo Piano）设计的栖包屋文化中心，参考南太平洋岛国传统棚屋的建筑形式，结合当地的气候特点，采用了不锈钢节点连接的木结构单元（图 6.10）。

3）节点的技术性与表现性

节点设计的初衷是为了把不同的材料构件联系为整体，为此需要研究材料的强度、受力方式、加工方法等属性，这些均可归结为技术性问题。在某个节点设计之初，设计者主要思考如何解决技术问题，有可能并不在意节点的形式，但是随着技术问题的解决，使用者会对节点的形式有更高的要求。

例如，斗栱是用来传递柱与梁架受力的节点，同时要解决屋面出挑的技术要求，为了平衡出挑屋面的弯矩，工匠们在斗栱中设计了一个被称为"昂"的部件，这个构件最初只是为了满足技术要求，但随着时代的推移逐渐成为斗栱重要的形式特征。这一形式是如此之重要，以至于到明清建筑中的斗栱从技术上来说已然不需要昂，但仍然会保留昂的形式（图 6.11）。

图 6.7 塞维利亚世博会日本馆（安藤忠雄设计）　图 6.8 梼原木桥博物馆（隈研吾设计）

图 6.9 加拿大飞利浦·柯里（Philip J. Currie）恐龙博物馆［采用定制的钢节点来连接木构件，蒂普尔（Teeple）事务所设计］

6.1.3 满足多功能需求的建筑结构

1）棍棒和容器

有一种理论认为人类文明的发展伴随着两类器物：棍棒和容器。棍棒这种带有破坏性的东西之后演变成刀、炮、挖土机这样的工具，它的作用是不断地破坏、改变、加工这个世界。容器的作用则是保存、保护、保留等（图 6.12）。

作为工具，总是要针对某种功能需要，而作为容器，则并不具有确定的功能要求。有一种观点认为西方文化更重视工具，东方文化更重视容器。例如饮食，西餐厨师在制作加工食材时需要各种不同种类的工具，不同的操作都有专门的工具，进餐时针对每一道菜也都有专门的餐具；而中餐厨师加工食材就靠一把菜刀几乎就能解决所有问题，进餐就靠由两根木棍组成的筷子（图 6.13）。这反映的是两种不同的哲学观。

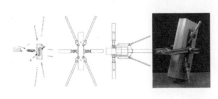

图 6.10 栖包屋文化中心中的节点（皮亚诺设计）

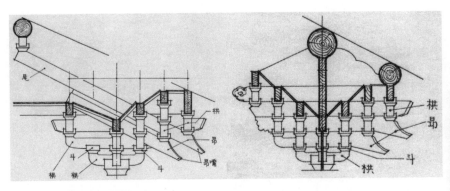

图 6.11 斗栱中的真昂和假昂

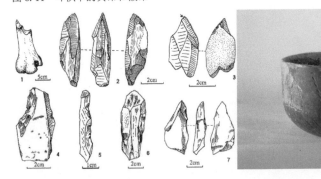

图 6.12 原始社会的棍棒和容器

图 6.13 餐具（西餐餐具包含各种功能的刀叉和汤匙，而中餐餐具就只是一副筷子和勺子）

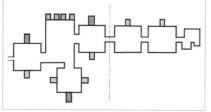

图 6.14　理查德医学研究中心

图 6.15　丹麦 3XN 建筑师事务所（改造自船屋）

2）专用建筑和通用建筑

有的建筑完全是针对某种特定的功能量身打造的，一旦这种功能发生变化，建筑很难被改造以适应新的功能要求。例如，路易斯·康（Louis Isadore Kahn）设计的宾夕法尼亚大学理查德医学研究中心首次提出"服务空间"与"被服务空间"的概念，将通常只作为功能构件的设备管井设计到了外立面上，这是现代主义的经典建筑案例（图 6.14）。但是随着时间的推移，医疗科研设备也在不断更新，原本的设备空间由于不能扩大而影响了建筑的使用。

另一类建筑则像一个容器，这个容器对承载何种功能并不挑剔，当功能要求发生改变时也可以比较容易地通过少量改建来满足新的需要，如工业厂房的改造（图 6.15）。柯布西耶（Le Corbusier）注意到了这一问题，1914—1915 年他设计了一系列钢筋混凝土结构住宅（Dom-ino Houses）的结构原型，被称为"多米诺体系"。这一体系通过柱子来支撑楼板从而形成建筑的主要结构，可以相对自由地布置空间围合墙体。"支撑体住宅"则是这种观念的进一步发展，在住宅设计中只固定楼电梯间、入口、厨房和厕所，剩余的空间交给住户根据家庭人口结构和生活方式按需要分割，这样的住宅便于每过一段时间进行改造升级以适应新的要求（图 6.16）。

6.2　关于建造

6.2.1　工具与准备

1）工具设备

建造作为一项较为复杂的活动需要专业的工具，如从简单的瓦刀、铁锹到机械化的吊机、混凝土泵车。工具既支持了建造，同时也限制了建造。如果只有低级原始的工具，那就不可能完成高精度要求的建筑了。例如，被称为"鸟巢"的中国国家体育场采用巨型钢桁架结构，所有构件均为不规则形，在施工中需要借助精密测量仪器进行定位，焊接难度大，要求又极高，每个焊接点都需要利用超声波探伤检测质量。如果没有现代化的工具进行辅助施工，鸟巢的建造是完全不可能的（图 6.17）。许多时候，建筑师设计正交规整而非复杂曲线的建筑，主要考虑的就是施工的限制问题。

就小型建筑而言，其更接近手工艺品，即使没有现代化的工具，单纯依靠工匠的手工艺技术也可能完成。当建筑规模扩大后，技术因素在建筑中的权重不断加大，纯粹依赖于人的技术水平变得不再可靠，只有借助于更先进的工具设备，才能保证施工质量和工程进度的要求。

2）场地空间

建筑为人类活动提供了空间，而建造建筑同样也需要一定的空间，如堆放材料的空间、施工人员操作的空间、放置施工机械的空间等。空间不仅是平面上的，也包括高度上的，场地周围的道路、河流、建筑甚至树木都会对建筑的建造造成影响，并成为设计的一个独特的出发点（图6.18）。

6.2.2 建造方法

完成材料、工具和场地的准备后，就要开始正式的建造了。人类建造的历史几乎跟人类的历史一样悠久，通过数千年的实践摸索，建筑施工的

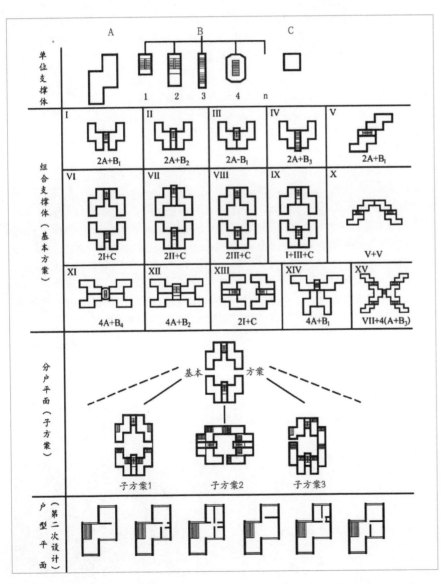

图6.16 支撑体住宅设计程序图解

图 6.17 在进行钢结构施工中的中国国家体育场（鸟巢）

程序已经相当成熟，一般会按照先下后上、先外后内、先结构后设备最后装饰的顺序建造。

1）施工程序

绝大多数建筑都是建在地面上，因此施工的第一步通常是进行场地平整和基础施工。房子要想稳定地立于地上，首先要保证基础坚固可靠。建筑规模越大，荷载越大，对基础的要求也越高，可以采用扩大基础面积和增加基础深度两种方式来提高基础的承载力（图 6.19）。

基础完成后进行结构系统的施工，不同的建筑结构系统的差别较大。有些现浇钢筋混凝土结构的建筑需要先进行支模板、编钢筋，然后才可以进行混凝土浇筑，浇筑完成后还要进行养护以达到一定强度后才能拆模，工序繁琐（图 6.20）。有些钢结构的建筑只要把事先工厂制作好的钢构件进行现场组装，工序简单、速度快（图 6.21）。

当结构系统施工结束后建筑的主体已经完成，结构封顶后需要进行给排水、暖通空调、电气、智能控制等设备系统的安装以及室内外装饰，这些设备系统本身不能独立存在，需要依附于结构系统，因此在设计中要仔细考虑如何利用结构来支撑。

2）湿作业与干作业

建造方法千差万别，大体上可分为湿作业和干作业两类。湿作业的特点是施工完成后需要经过一段时间的干燥才能形成强度，因此工期长、质量控制困难；而干作业则是通过螺栓、钉子、焊接等方式将建筑构件组合起来，不存在干燥时间的问题，因此工期短、质量控制好。湿作业曾经是中国建筑业主流的施工作业方式，如混凝土浇筑、墙体砌筑、防水层铺设、抹灰饰面等。随着建筑产业的发展，一方面建材生产产业化越来越发达，另一方面人工费用也越来越昂贵，干作业的优势逐渐凸显。以前外墙石材饰面常用水泥砂浆粘贴，而现在多采用干挂幕墙的方式。我们可以做这样的推测，未来绝大部分建筑会采用以干作业为主要的建造方法。

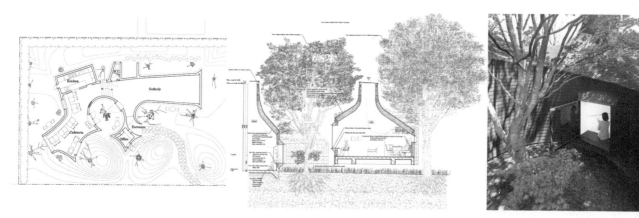

图 6.18 Roku 美术馆（场地内的树木直接影响到建筑的剖面形状，中村拓志设计）

6.2.3 容差与应变

建筑建造是一个复杂的过程，即使事先思考得很严密，也难免百密一疏，更何况在实际施工中还经常会出现意外状况。应对这些状况的方法主要有两个：一是容差，即设计之初就对意料之中的不确定因素（主要是施工误差），做出弹性设计；二是应变，即对施工中所出现的预料之外的情况做出针对性的设计修改。

1）精度的控制与调节

每座建筑的施工都有误差，通过使用更先进的工具、熟练技术工人、更合理的施工方法等手段可以提高建筑施工精度、缩小误差，但误差终究难以避免。不同建筑系统的误差控制也不同。

例如，现浇混凝土的误差可以控制在 30—50mm，玻璃门窗的误差则可以控制在 5—10mm，门窗上装的平板玻璃属于脆性材料，一般变形需要控制在 2mm 以内，否则就有可能碎裂。由于误差的控制不同，如何在混凝土的洞口上顺利安装玻璃就成了一个难题。在建筑设计中我们往往需要通过不同的材料和相应的构造措施来进行精度的过渡。首先钢筋混凝土外要用砂浆进行找平，将平整度的误差降到 20mm，然后再利用垫片以及聚氨酯发泡填充剂等将安装精度调整以达到门框窗框的要求，最后用带有弹性的橡胶条在框料上固定玻璃，这样就实现了从低精度到高精度的转换。

另一种方法是设缝。通常为了避免由于热胀冷缩、不均匀沉降、地震受力不均等因素造成的结构损坏，需要采取设缝的方式将建筑断开。同时，缝也可以调节施工误差，一个常见的例子是砌筑砖墙，工匠通过调节灰缝的宽度使砌块能适应不同长度的墙体（图 6.22）。

还有一种处理误差的方法是确定建造的起止点，从整齐的一侧开始到自由的一侧结束。例如，场地的地面铺装从与建筑相邻的位置开始向外铺设，到场地边界结束，这样可以保证绝大多数材料都是规则尺寸，只有最靠边界的是非规则尺寸（图 6.23）。

2）随机应变的设计

一座建筑的施工时间少则数天，多则数十上百年，这么长的时间内难免会发生不可预料的情况。因此，建筑师需要时刻关注施工进程，随时对新出现的问题做出对策。

例如，有些建筑基础开挖后发现历史遗存，与原设计的建筑结构发生冲突，这时就要修改建筑的结构方案，避开需要保护的遗址（图 6.24）。又如有些建在陡峭山区的建筑，由于场地高差变化剧烈，又容易被人为因素频繁改变，测绘地形图难以精确反映现场的实际情况，我们在设计这些建筑时就需要亲自到现场，根据现状地形随机应变，做出相应的设计。

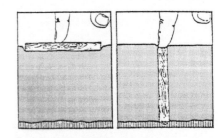

图 6.19 两种基础形式

图 6.20 拉·土雷特修道院混凝土浇筑施工现场（柯布西耶设计）

图 6.21 钢结构施工现场

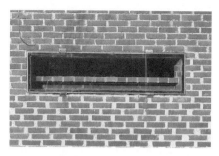

图 6.22 圣彼得大教堂（通过调节灰缝宽度可以尽量少砌砖而适应不同长度的墙体，莱弗伦斯设计）

图 6.23 地面铺装（内部采用规则形状，只有到边界才是非规则尺寸）

图 6.24 南京图书馆（建设过程中发现古代遗址，随后修改建筑设计，将遗址纳入到大厅室内）

6.3 建成以后

建筑作为重要的人类活动，消耗了大量的资源和能源，建筑建成只能说是万里长征走完第一步，在绝大部分建筑的生命周期中，设计和建设只占了很少时间，大部分时间其实是建成之后的使用运行。

6.3.1 使用与维护

建筑的寿命和使用与维护有着莫大的关系。不同的操作方法和细节的设计最终都会影响到维护和保养的可操作性和经济性，我们应该在规划设计阶段就考虑到建筑的维护和保养问题。

1）机动车的可达性

如今我们大部分的维护和保养任务需要借助汽车，在不影响交通规则的情况下，建筑的可达性是很重要的。从救护、救灾以及人性化角度出发，建筑应为残疾人、出租车、救护车、消防车等车辆设置出入口。用于维护和保养的车辆需要有停靠场地来完成工作，因此在建筑的场地设计中应当妥善考虑不同的标高，在设计地面铺装时要考虑到维护问题（图 6.25）。

2）便于检修的设计

建筑设计中应考虑到设备检修的空间，如地下管沟的设计要能够容纳人的站立，应当避免需要爬行的空间，如果空间过于低矮，就会成为人难以进入的藏污纳垢之地。同时也要有充足的检修口，如排水管需要铺设在便于检修的墙面，而不应埋入墙内，风管和电缆之下的天花板应易于拆卸和更换。屋面的设计应当便于人员进入维护，电动窗和通风口的维护应避免危险的攀爬。各种设备如换气扇应可以在建筑物内进行维修，如果需要从外部进行维修，安全性是首要考虑的因素。高处的玻璃窗应有如何清洗的考虑，在建筑内外都应有可移动的脚手架或吊架。建筑设计应仔细考虑如何维修房间中位置较高的窗户和配件（图 6.26）。

3）无障碍设计

无障碍设计对于建筑的使用至关重要，不同标高的楼层间如果仅靠楼梯连接将会使清洁机器、吸尘器和轮椅难以到达，而门槛、台阶也会影响清洗机器、轮椅以及其他移动设备的使用，因此应尽量减少室内台阶的使用，尤其是三步以下的台阶，既不方便又不安全，当一定要用时，应在旁边附带无障碍坡道（图 6.27）。通向设备机房的楼梯应设计得便于配件和设备进出。

4）保持洁净

卫生保洁是建筑维护中的一项重要组成部分。最有效的方法还是做好预防性的设计，因为水平表面比垂直表面容易积灰，而粗糙的表面比光滑的表面更容易积灰。建筑室外垂直面的上缘变成水平面时往往需要设计带有一定出挑的压顶构造，出挑下沿会设计一条滴水线，以防止水平面的灰尘随着雨水挂落到墙面上（图6.28）。如果不想立面上有突出墙面的窗台怎么办？马里奥·博塔在朗西拉1号（Ransila 1）办公楼的设计中，将窗台水平面向内倾斜，通过一根雨水管汇集到窗台下的混凝土滴水口，既解决了雨水污染墙面的问题，又形成了独特的立面形式（图6.29）。

图6.25　石材铺地（设计时没有考虑汽车停车，随后又停满车的铺地被各种障碍物分割得支离破碎）

图6.28　窗台（为了防止灰尘污损墙面，窗台往往会设计成出挑）

图6.26　三联窗（总有一扇窗扇是从内部难以触摸到的，单开外窗的外侧玻璃也是如此）

图6.29　朗西拉1号办公楼的外窗（马里奥·博塔设计）

6.3.2　建筑的再生

1）"短命"建筑

随着可持续发展理念的普及和认同，建筑的循环利用逐渐成为建筑师不可回避的重要问题。改革开放后中国城镇化进程飞速发展，伴随着城市的急速建设，出现了大量的"短命"建筑，有些建筑是设计之初就明确了其功能的"临时性"，如部分世博会场馆，但更多的是大量远未达到设计使用寿命就被拆除的建筑。这些"短命"建筑造成了社会资源的巨大浪费。

图6.27　香港朗豪坊（每处楼梯台阶边上均配设坡道，捷得国际建筑师事务所设计）

产生这一问题有的是因为建筑质量问题，没有达到预期的设计寿命；有的是建筑设计对未来的情况估计不足，即使经过改造仍无法满足新的功能要求；还有的是之前较低的建设强度与升值后的土地价值不相匹配。虽然这些原因各不相同，但更深层次的原因都是建筑设计缺乏长远的考虑。

2）可再利用的建筑

通过合理的建筑设计，当建筑功能需要改变时只需要进行较少的工程量就可以满足新的需要，就没有必要拆除旧建筑。欧洲的大量老城能保持历史风貌正是得益于这一点（图6.30）。如果建筑必须拆除，拆除的构件应可在其他工程中再次使用，如集装箱住房，通过集装箱单元进行组合，建筑拆除后可以将其运到新的地点重新拼装组合成新的建筑（图6.31）。如果构件也不能再被使用，那材料应该可以循环利用。

对于建筑材料的再利用问题，需要区分两个基本概念：可再利用材料（Reusable Material）和可再循环材料（Recyclable Material）。可再利用材料是指在不改变所回收物质形态的前提下进行材料的直接再利用，或经过再组合、再修复后再利用的材料。可再循环材料是指对无法进行再利用的材料通过改变其物质形态来生成另一种材料，从而实现多次循环利用的材料。由此可见，可再利用材料比可再循环材料更为环保，实现难度更大，也是建筑再利用的首要目标。

3）建筑的再利用

为了实现这一目标，我们需要在设计中重点解决两个问题：建筑空间的适应性问题和建筑构件的可重复利用问题。

建筑空间的适应性问题涉及建筑结构和功能空间的辩证关系，在前面已有所提及，如支撑体建筑，通过现代结构加固技术也可以增加建筑空间的弹性，这样当建筑需要承载新功能时，就可以在不改变建筑结构的情况下通过次级空间的划分得以实现（图6.32）。而建筑的功能空间也应具有一定的弹性，有些时候在要求不是很严格的空间内也可以保留结构构件。

可重复利用的建筑构件可能是结构构件，也可能是非结构构件（图6.33）。要实现构件的重复利用，首先需要构件的标准化和规格化，标准化的构件有利于组合，可以适应新建筑的多种空间要求，就像乐高积木，靠简单的原件就可以搭出千变万化的物件。其次要保证材料的耐久性，钢材就需要进行防锈处理，如进行镀锌和防锈涂料的处理；木材需要进行防腐处理，如采用含有硫酸铜的防腐液浸渍。最后要采用可拆卸的节点设计，现浇钢筋混凝土或者焊接节点不便拆卸，而螺栓连接节点可以反复拆卸安装，而不会对结构构件造成损伤。

6.3.3　建筑的环境影响评价

随着人类社会工业化进程的发展，资源被不断开采而逐渐枯竭，同时进入大自然的废弃物和有毒物质却越来越多，造成生态环境持续恶化。随着人类环境意识的提高，对建筑进行环境影响评价的做法越来越普遍，各

图6.30　巴黎鸟瞰（城内的老建筑对于维护城市的历史风貌意义重大）

种评价体系如雨后春笋般出现。目前对建筑的评价大多是基于生命周期评价（Life Cycle Assessment, LCA）理论。

1）生命周期评价系统

任何产品系统在其生命周期中都会有物质和能量的输入（Inputs）和输出（Releases），由此会造成潜在的环境影响，生命周期评价（LCA）就是为了更全面地研究这一现象而生。国际标准化组织在《环境管理——生命周期评估——原则与框架》（ISO 14040）标准中把 LCA 定义为评价产品"从摇篮到坟墓"全生命周期环境影响的技术方法。所谓的从摇篮到坟墓是指从原料采集、材料加工、产品生产、运输物流、使用维护到最终拆除或重新再利用的全过程。LCA 通过以下具体程序来避免环境短视问题：

· 汇编物质与能源在环境之间输入及输出的清单；
· 评价输入及输出所造成的潜在环境影响；
· 分析最终结果以帮助做出更明智的决策。

建筑也是一种产品，因此我们也可以使用 LCA 系统来研究一座建筑在其生命周期的每一个阶段内对环境所产生的影响，包括能源及原材料的使用量以及对空气、水和土壤的排放物等。数据库中相关的信息被整合在一起。对不同的材料使用同一种研究方法才能取得公平的对比。生命周期研究的阶段包括：原材料的生产、产品的生产、运输、房屋建造、运营使用与拆除。

生命周期评价系统的问题会耗费太多的时间，而且新的技术对于结果产生的影响可能远大于建筑材料本身。无论如何，生命周期评价系统是改进产品生产、减少环境污染的好工具。

2）建筑环境评价体系

世界各地的不同地区已开发出不同的建筑环境评价体系，其中最重要的是绿色建筑评估体系（LEED）（北美）、建筑研究院环境评估方法（BREEAM）（英国）、可持续住宅标准（英国）、绿色之星（澳大利亚）、建筑物综合环境性能评价体系（CASBEE）（日本）、可持续建筑评估体系（DGNB）（德国）、可持续建筑标准（Minergie）（瑞士）以及可持续建筑环境国际促进会（International Initiative for a Sustainable Built Environment, iiSBE）的可持续建筑工具（SBTool）。经过多年的发展，这些系统已经能做到基本客观地评价资源消耗、环境影响和室内气候。大部分的系统既可以用于建成建筑，也可以用于新建筑的规划设计，目的是鼓励建设环境友好型建筑。环境评价系统可以提高绿色建筑的市场价值。

在评价的开始阶段，要根据建筑的实际情况对大量的参数进行赋值。有些标准必须满足，不同的参数有不同的权重，最终加权后确定对象的等级。不同的系统的差异很大，主要表现在选择哪些参数以及如何确定其权重，当前尚未有获得一致公认的评价系统指标的权重分配。

建筑环境评价系统的主要价值在于开启了关于如何对建筑环境进行评测的重要讨论。关于建筑环境影响的基本知识是未来建成更多可持续性建筑的基础，而关于建筑环境评价系统和概念的工作则有望增加这些领域的知识。评价系统的另一个重要特点是它们是完全公开透明的，这样就很容

图 6.31　集装箱住宅

图 6.32　上海当代艺术博物馆（改建自南市发电厂）

图 6.33　由废弃的饮料瓶所做的墙体材料

易理解不同的项目是如何被打分的。

中国在 2006 年由中国建筑科学研究院、上海市建筑科学研究院会同有关单位编制了最早的《绿色建筑评价标准》（GB/T 50378—2006），该标准主要从节地与室外环境、节能与能源利用、节水与水资源利用、节材与材料资源利用、室内环境质量以及运营管理六个方面对建筑进行评价，最后根据得分高低评定绿色建筑等级，最低一星，最高三星。

经过近十年的实践使用，2014 年又颁布了新版的《绿色建筑评价标准》（GB/T 50378—2014），新版标准将适用范围由原来的住宅建筑、办公建筑、商场建筑和旅馆建筑扩展至各类民用建筑，将评价分为设计评价和运行评价；指标体系在原有六类指标的基础上，增加了施工管理类评价指标；对原来的评分办法进行了调整，进一步增加了更为详细的打分方法，使分数评定更为客观合理。

《绿色建筑评价标准》最初并不是一个强制性规范，但是随着环保要求的日益严格，各地对此的要求也越来越高，逐渐从示范项目、自愿实施过渡到强制实施。江苏省就在 2015 年 3 月颁布了《江苏省绿色建筑发展条例》，规定本省新建民用建筑的规划、设计、建设，应当采用一星级及以上的绿色建筑标准。使用国有资金投资或者国家融资的大型公共建筑，应当采用二星级及以上的绿色建筑标准进行规划、设计、建设。在这一背景下，绿色建筑设计将成为未来建筑师的必备技能。

参考文献

[1] 王群 . 解读弗兰普顿的《建构文化研究》[Z].A+D, 雷尼国际出版有限公司，南京大学建筑研究所，2001.

[2] 董豫赣 . 极少主义：绘画·雕塑·文学·建筑 [M]. 北京：中国建筑工业出版社，2003.

[3] 冯炜 . 实体与层叠——作为边界连续的墙体之建造 [D]：[硕士学位论文]. 南京：东南大学，2004.

[4] 贾倍思 . 型和现代主义 [M]. 北京：中国建筑工业出版社，2003.

[5] 汉诺—沃尔特•克鲁夫特 . 建筑理论史——从维特鲁威到现在 [M]. 王贵祥，译 . 北京：中国建筑工业出版社，2005.

[6] 肯尼思•弗兰姆普敦 . 建构文化研究——论 19 世纪和 20 世纪建筑中的建造诗学 [M]. 王骏阳，译 . 北京：中国建筑工业出版社，2007.

[7] 安德烈•德普拉泽斯 . 建构建筑手册——材料·过程·结构 [M]. 任铮钺，等译 . 大连：大连理工大学出版社，2007.

[8] 彼得•柯林斯 . 现代建筑设计思想的演变 [M]. 2 版 . 英若聪，译 . 北京：中国建筑工业出版社，2003.

[9] 布朗，马克•德凯 . 太阳辐射·风·自然光：建筑设计策略 [M]. 2 版 . 常志刚，刘毅军，朱宏涛，译 . 北京：中国建筑工业出版社，2008.

[10] 顾大庆 . 空间建构和设计——建构作为一种设计的工作方法 [J]. 建筑师，2006（12）：13-21.

[11] 葛明 . 体积法（1）——设计方法系列研究之一 [J]. 建筑学报 2013（8）：7-13.

[12] 葛明 . 体积法（2）——设计方法系列研究之一 [J]. 建筑学报 2013（9）：1-7.

[13] 史永高 . 线性建筑构件的空间性问题研究 [J]. 建筑师，2009（1）：75-78.

[14] 张彧，朱渊 . "空间、建构与设计教学研究"工作坊设计实践——一种新的设计及教学方法的尝试 [J]. 建筑学报，2011（6）：20-23.

[15] Frampton Kenneth. Modern Architecture: A Critical History[M]. New York: Thames and Hudson, 1992.

[16] Frampton Kenneth. Studies in Tectonic Culture: The Poetics of Construction in Nineteenth and Twentieth Century Architecture[M]. Cambridge, Mass: MIT Press, 1995.

[17] Block Maria, Bokalders Varis. The Whole Building Handbook: How to Design Healthy, Efficient and Sustainable Buildings[M]. New York: Routledge Press, 2009.

图表来源

图 6.1 源自：Pmac Dowell 摄.

图 6.2 源自：笔者根据 http://www.slideshare.net/infoonline00/loads-structure?related=1 重绘.

图 6.3 源自：平井広行摄.

图 6.4 源自：冰河摄.

图 6.5 源自：Hiroyuki Oki 摄.

图 6.6 源自：黎德圆绘.

图 6.7 源自：El Croquis: Tadao Ando 1983—1992, 44+58.

图 6.8 源自：太田拓实摄.

图 6.9 源自：汤姆·阿本（Tom Arban）摄.

图 6.10 源自：Jonathan Lu 绘.

图 6.11 源自：梁思成. 图像中国建筑史 [M]. 北京：三联书店，2011.

图 6.12 源自：http://www.zlwh.com.cn/ys/zgts/wmqy/shjs/shjs2.htm.

图 6.13 源自：维基百科. https://en.wikipedia.org/wiki/Table_setting.

图 6.14 源自：维基百科. https://en.wikipedia.org/wiki/Richards_Medical_Research_Laboratories.

图 6.15 源自：亚当·莫克（Adam Mørk）摄.

图 6.16 源自：黎德圆根据鲍家声原图重绘.

图 6.17 源自：中华钢结构论坛. http://okok.org/forum/viewthread.php?tid=150913.

图 6.18 源自：中村拓志官方网站. http://www.nakam.info/en.

图 6.19 源自：安德烈·德普拉泽斯. 建构建筑手册——材料·过程·结构 [M]. 任铮钺，等译. 大连：大连理工大学出版社，2007.

图 6.20 源自：何奈·布里（Rene Burri）摄.

图 6.21 源自：顾震弘摄.

图 6.22 源自：张永和摄.

图 6.23 源自：http://tropicaloutdoorscfl.com/gallery/.

图 6.24 源自：黎德圆摄.

图 6.25 源自：http://www.jznews.com.cn/comnews/system/2012/05/16/010379924.shtml.

图 6.26 源自：Gudrun Linn. Bygg rätt för Städning och Fönsterputs[Z]. 1999.

图 6.27 源自：顾震弘摄.

图 6.28 源自：http://www.archiexpo.com/prod/weser/product-56989-205420.html.

图 6.29 源自：Pizzi Emilio, Mario Botta. 1998.

图 6.30 源自：Christian Kerneves 摄.

图 6.31 源自：Dom Dada 摄.

图 6.32 源自：http://femf.feg.com.tw/feada/voteDetail/?recordId=81.

图 6.33 源自：EcoArk Pavilion. http://www.pinterest.com.

表 6.1 源自：黎德圆绘.

设计作品

材料与建造

　　本练习以材料研究为出发点，通过对具体材料的感知和操作来设计一个空间体；体验建造过程及所产生的空间效果，体会建筑空间与材料、结构、构造之间的关系。

　　体会建造与设计之间的关系，涉及建造材料、建造手段与所生成空间之间的内在联系。在材料特性与加工可行性中寻找结合点，使设计思考体现建造的逻辑。

　　综合考虑影响建造的制约因素，包括材料、工具、施工方式、场地、时间、预算以及合作方式、工作程序等。

　　强调实验和动手操作，通过制作、分析、判断、调整来模拟实际建造过程中的问题并加以解决。

　　评价标准：

　　构思合理：构件间的连接方式是否合理（是否切合构件的材质特征和几何尺寸）；构筑物的整体结构是否合理（能否解决高度、跨度和悬挑等结构问题，并实现一定的结构强度）；构筑物的形式是否可以表达建构逻辑（构件及其连接方式是否与整体形式相关）。

　　发展清晰：包括实验、研究发展的逻辑一致性；模型搭建与拆卸的程序合理性。

材料特性：基础实验

工作任务：

考察建材市场，收集多种构件，设计小实验研究构件的材料特性，了解构件的材料特征、几何尺寸与加工、连接之间的关系。

工作方法：

5—6人一组，考察建材市场，记录构件的种类和价格。以板材和杆材区分所收集构件。观察两大类型构件的特性差异（如尺寸、质地、色彩、肌理等）。每人选取板材与杆材各一种进行研究，在小组内尽量不要重复。

截取合适尺寸材料，研究构件的特性，尤其要注重板材与杆材的特性差异。比较不同构件的结构特性（如抗压性、柔韧性、承重能力等）、构件的加工特性差异（如不同构件截面或不同材质构件的钻、锯、刨、钉、凿、切等）以及构件加工后的结构特性。

用文字、草图、照片或录像记录操作过程。小组内比较讨论，共同绘制构件特性表格，重点表现构件加工方式与强度的关系。

成果要求：

构件特性小实验若干，实物展示；

构件特性比较表格；

文字与图片记录一套，制作成幻灯片。

实验照片

构件组合：节点研究

工作任务：

根据构件特性研究的成果，设计符合材料结构和加工特性的组合构造形式。选择一至三种构件组合在一起，形成一个组合构件体。

工作方法：

尝试将不同的构件加以连接、组合，探讨如何充分利用其材料特性，比较生成组合构件体的稳定性；

尝试不同的组合逻辑，探讨构件体所表现出的形式特征；

尝试构件间的不同连接方式，思考是否需要辅助构件，研究各种辅助构件的特性，比较组合构件体的牢固程度及连接和拆卸的难易；

思考组合构件体进一步连接、延伸的可能，包括在同一水平面的延伸和向不同维度的延伸方式。

材料准备：

构件自选，杆件长度不大于 700mm，板片宽不大于 150mm；

节点辅助材料，如螺栓，铰链、钉等；

加工工具，如锯、电动手钻、锤、凿、切割刀、砂纸等。

成果要求：

每人完成至少三个组合构件体，并用文字、草图、照片等记录研究过程。

节点照片

方案生成：空间模型

工作任务：

在前两个阶段的研究成果基础上，设计一个 1∶5 的建造模型，探讨构件特征与建造方式对构筑物形式的影响。

工作方法：

每人设计一个单一的空间构筑物，内部空间可至少容纳一人，或蹲或站。用适当的模型材料模拟真实材料。

使用一至三种材料构件，运用前一阶段的构件组合成果，根据构件组合的逻辑发展出空间构筑物。

观察空间的围合度、光影效果与构件尺寸、连接方式之间的关系，并加以调节。

思考空间中不同位置界面的不同要求，以此调整构件组合方式。如垂直面与水平面的受力方式差异是否导致构件选择和构造方式有所区别；转折交接处构件之间的关系（共用／分开／相互影响）等。

思考最终构筑物搭建与拆卸的过程，以怎样的程序可以便捷、高效的搭建，又可怎样拆卸从而将其还原为较小的单元或单个构件。

材料准备：

杆件长度不大于 140mm，板片长度不大于 140mm，宽度不大于 70mm，能有效模拟设计成果所选用的构件。

成果要求：

1∶5 比例模型一个，固定于木质 A3 底板之上。

空间模型照片

实物搭建：建造、记录和表达

工作任务：

小组讨论，投票选择一个方案作为最终建造方案，共同调整并以真实材料搭建空间构筑物；亲身体验空间效果；体会实际建造与拆卸的过程。

工作方法：

搭建构筑物局部，判断设计方案的结构强度和建造可行性。例如，悬挑是否可行，构件连接是否稳定，单元搭接与拆卸的难易等，尺寸自定，并据此调整节点构造及设计方案。

模拟最终搭建与拆卸的过程，检验程序的可行性及效率，并据此调整节点构造及设计方案。

搭建空间构筑物，感受空间效果。要求主要构件不宜超过三种；构件中的杆件长度不大于 700mm，板片长度不大于 700mm，宽度不大于 350mm；连接构件可用螺栓、铁钉等五金件、绳等；构筑物必须结构稳定，具有一定的刚度，可整体移动。

注意分工协作和工作程序安排。

成果要求：

每组完成 1：1 比例构筑物成果一个，保证内部空间可一人站或蹲；

个人完成设计图纸一套，A2 版面，图纸应包括轴测图（比例为 1：5），研究过程和最终设计模型照片若干；

个人完善各自 1：5 比例建造模型一个，关键节点必须为 1：1 比例真实材料表达。

实地搭建照片

其他有帮助的技能

图6-b 认知速记（罗马速写，路易斯·康）

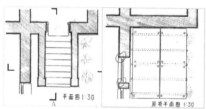

图6-a 建筑测绘图

测绘及速写

掌握测绘技能可以帮助我们完整而精确地把握物质空间的大小、形状等特征，对于基地踏勘、空间规划设计以及古建筑研究及修复等工作有很大帮助。我们测绘的对象可以是建筑构件（如一扇窗），也可以是单一空间、一整座建筑物乃至大范围的城市环境，针对不同的对象和比例，测绘的重点也不同（图6-a）。在测绘环节的学习中，需要掌握卷尺等测绘工具的使用方法，通过小组合作的方式，将测绘对象的每一部分都加以精确测量、记录并绘制成图，在这一过程中，体验空间与人的关系，理解建筑的构成和做法，并掌握规范的建筑图绘制技法。

此外，很多优秀建筑师都有随身携带尺和纸笔的习惯，在生活中注意观察身边环境、体察空间品质，不论是台阶、门窗的尺寸、做法，空间的大小、形状，还是人群在空间中的动线和各种活动，随时加以测绘，并进行速写或加以文字记录（图6-b）。这种日常学习和积累的方法对于初学者来说尤为重要，这是认识空间、建立空间尺度感、积累建造知识、提高手绘表达能力的重要途径。

基地踏勘与项目调研

每一个设计都建立在具体的情境之中，我们必须深入了解基地及其周边环境的每个重要特征才能给出适当的答案。亲临现场进行基地踏勘是开始设计的第一步，此后如有需要，我们仍要不断地回到基地去搜寻线索、验证可能性、想象设计实现后的状态，从而将设计和基地紧密地联系在一起。

项目调研通常要完成一整套调查计划，以收集各方面有价值的信息，如基地的地形地貌、周边的交通状况、相邻及相关的建筑物、日照及风向、景观及绿化等。有些调查需要在现场进行，有些信息则可以通过收集资料的方式得到。此外我们还要特别关注与基地相关的人的情况：人口数量、类型、活动以及人与基地在文化、情感上的联系。重要的是，每个基地都是不同的，我们需要仔细观察，敏锐地觉察其特色，从而引出未来工作的着手点并获得设计的独特性。除了基地本身，我们往往还需要对类似的或相关的项目进行资料收集和分析，比如设计一座美术馆之前要去类似项目进行实地参观，并分析多个先例。

图 6-c　基地分析（Ewa 建筑师事务所）

收集到信息之后，需要对其加以整理和解读，理解信息之间的关联性。我们可以运用分析图表、模型以及计算机软件等对信息加以总结、分析和研究，作为之后设计的依据（图 6-c）。对于初学者来说，学习如何进行基地踏勘及项目调研并非局限在设计开始的阶段，我们在生活中要随时关注身边的人和环境，体验、观察和分析各种空间现象，积累经验、知识以及方法，如此才能逐渐掌握分析研究的技能。

图 6-d　设计答辩

合作设计、讨论及方案汇报

合作并共同完成一项设计是大部分设计师工作的常态。在建筑设计项目中，一个方案的实现必须协调建筑、结构、设备、施工等各工种，整合室内设计、灯光设计、声学设计等多层次的设计内容，并与景观设计协作，共同创造优美宜居的环境。合作的媒介除了图纸、模型之外，建筑师的语言表达和沟通协调能力也显得至关重要，我们可以通过与教师及同学间的讨论来学习如何沟通，并通过答辩环节锻炼自己的表达能力（图 6-d）。

设计的记录

完成整套图纸可以记录设计的结果，而在设计过程中制作工作手册则能帮助我们记录设计过程及阶段性成果、探索不同的设计路径，帮助我们进行比较和选择，并在设计完成之后进行反思。因此可以说，在初学设计的阶段，认真完成工作手册会使我们受益匪浅。工作手册的制作方法和表达方式非常多样化，可以结合草图、模型照片、设计分析图、文字记录乃至最终图纸成果，同时将收集到的信息都一并放进去，形成完整的记录。尝试用工作手册来表达设计发展的内在关系和发展逻辑，从而形成一个内容完整、结构清晰并具有分析性的文本（图 6-e）。

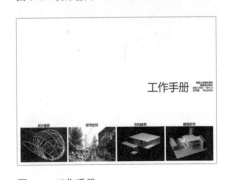

图 6-e　工作手册

在学期结束后，当我们想回顾一下第一年所学的东西，制作一本个人作品集（Portfolio）是很好的方式。作品集在申请工作或进一步深造时必不可少，同时我们也可以用这种方式对自己的学习进行阶段性的总结，将各设计题目联系在一起，从而了解自己的收获及不足，并看到自己的进步。

图片来源
图 6-a 源自：东南大学学生作业.
图 6-b 源自：http://www.flickr.com.
图 6-c 源自：http://www.ewa.co.uk.
图 6-d 源自：笔者自摄.
图 6-e 源自：东南大学学生作业.

后 记
POSTSCRIPT

作为东南大学建筑设计基础课程教学成果的记录文本，本书自然是全体教师的辛劳成果。除顾大庆、单踊等数位先生的持续指导外，数年间，直接参与教学的教师达三十余人，本书将他们的思想、成果汇集成册。本书的编撰由多位教师共同参与，各个阶段均集体商讨，绝非某人独立完成。笔者在此也简单列出本书的写作分工：全书结构由史永高和张嵩共同确定，史永高负责统筹基础理论篇各章节框架。基础理论篇，第 1 章由谭瑛撰写；第 2 章由陈洁萍撰写；第 3 章由张彧、张嵩撰写；第 4 章由张嵩撰写；第 5 章由史永高撰写；第 6 章由顾震弘撰写。学生作业篇由张愚、张嵩整理。工具媒介篇由王海宁、张嵩撰写。单踊、张嵩完成全书的校对。白宇鸿、高楠、黎德圆等多位研究生参与了图片的收集、绘制工作。学生作业篇中的设计作品，作者众多，包括刘子彧、季欣、冯可欣、施慧文、邱怡箐、刘博伦等十余位同学，在此不一一列举。单踊、葛明在本书的写作过程中给予了重要指导。唐芃、鲍莉对本书的出版也给予了很大帮助，在此一并致谢。